せたな洋上風力発電・風海鳥(600kW, 2基, ヴェスタス製)。吉田晴代撮影

扉：寿都町風力発電機群(16,580kW,11基, エネルコン製・ギアレス)。吉田晴代撮影

持続可能な未来のためにⅡ
北海道から再生可能エネルギーの明日を考える

吉田文和・荒井眞一・佐野郁夫［編著］

北海道大学出版会

序　文

　当地北海道では，2013 年の冬も 2010 年比マイナス 6％を目標とする冬の節電が始まりました。私共北海道大学は札幌市内で最大級の事業所であり，電力消費量の上限目標の設定に加え，部局ごとの電力使用量の把握を試みるなどして節電に努めることとしています。

　東日本大震災とそれに続く東京電力福島第一原子力発電所の事故は，わが国の社会，特にエネルギーと環境を取り巻く問題に計り知れない影響をもたらしました。現在わが国の原子力発電所はすべて停止しており，これを代替する火力発電所から排出される温室効果ガスは大幅に増加しています。2015 年までには地球温暖化防止のための新しい国際的枠組みを設けることとされるなど，持続可能な社会をつくっていくため，わが国には難しい舵取りが求められています。

　本学の持続可能性(サステナビリティ)への取り組みは，2008 年の洞爺湖サミットを記念して開催された「Ｇ８大学サミット」に端を発しています。このとき発表された「札幌サステナビリティ宣言」に基づき，本学では「サステナビリティ・ウィーク」の開催，サステナブルキャンパスの構築，サステナビリティを担う人材の育成などに取り組んできました。

　本書は，その取り組みの一環として大学院共通講義・市民公開講座として 2008 年から開催しています「持続可能な低炭素社会」の 2012 年の講義を基にしています。同年の講義では，特に再生可能エネルギーをテーマに，地球温暖化とその対策に関する最新の状況から，各種の再生可能エネルギーの現状，関係する制度までを，本学内外の専門家が解説しています。

　特に，北海道は，風力・太陽光をはじめとする多くの再生可能エネルギーについて，全国でも有数のポテンシャルを有しており，地域の活性化のためにも高い期待が寄せられていることから，本学でも多くの研究者が取り組ん

でいます。本書がその一端を紹介することにより，今後の社会のあり方を考える一助になれば幸いです。

2014年1月15日

北海道大学総長・山口　佳三

はじめに

　北海道大学は，2007年以来7年間にわたり，サステナビリティ(持続可能性)をテーマとして，全学を挙げてさまざまな催し物，討論会，プロジェクトを行い，文系理系の枠を超えて取り組み，市民に開かれた大学であることを示してきた。そのなかで中心的役割を果たした「持続可能な低炭素社会づくりプロジェクト」は，2008年のG8洞爺湖サミット開催をきっかけに発足したものである。同年6月の洞爺湖サミットの前後には，北海道大学内外で関連する多くの催し物が開催された。世界の35大学が参加したG8大学サミットも同時に行われ，4月からは市民と大学院生を対象として「持続可能な低炭素社会」講座が始まり，これらの講義内容と研究成果は一連のテキストとしてまとめられ，使用されている。

　サミットに続く取り組みと関心は，2009年の国連気候変動枠組条約第15回締約国会議(COP15，コペンハーゲン)に向けての，同条約京都議定書に続く2013年以降の体制づくりであった。その後，2011年3月11日の東日本大震災と東京電力福島第一原子力発電所の事故は，日本のエネルギー政策に大きな衝撃を与えた。これを受けて，低炭素プロジェクトは，科学技術コミュニケーションプロジェクトと協力して，連続講座「これからのエネルギー政策を考える」を行い，インターネット中継も行った。

　以上の取り組みを通じて，サステナビリティとは，現状維持ではなく，破局を回避するための現状改革への見取り図を描き，実践していくことであることが明らかとなっている。人口減少時代の日本と北海道において，21世紀以降の新しい持続可能な道を切り開くために，時代の要請をよく分析し，時代に合った開発と開拓，ふたつの開発，すなわち人間の開発と教育，グローバル化の進む地域の再発見と再開発を通じて，例えば，再生可能エネルギーと地域活性化(2013年の国際シンポジウムのテーマ)など，足元からの取り組みを基に展望をどう切り開くかが問われているのである。

　本書は7年間にわたる持続可能な低炭素社会づくりプロジェクトの総まと

めとして，2012年度に行われた低炭素講座の内容を基に作成されている．

第Ⅰ部は「私たちが直面する地球温暖化問題の現状」をテーマとする．

第1章「世界が直面する地球環境問題とその取り組み」(荒井眞一・北海道大学大学院地球環境科学研究院特任教授)は，1992年の地球サミットにはじまり，2012年の国連持続可能な開発会議(UNCSD)に至るまでの，地球温暖化をはじめとする地球環境問題について，問題の構造の推移，日本の関与などについて概説する．

第2章「わが国の温室効果ガス排出削減目標の考え方」(佐野郁夫・北海道大学大学院公共政策学連携研究部特任教授)は，温室効果ガスの削減について，科学的観点とともに，現在の国際交渉からはどのようなことが求められているのか，これを受けたわが国の目標の策定はどのように取り組まれているのかを解説する．

第3章「温暖化防止対策としての海洋肥沃化と国際法」(堀口健夫・上智大学法学部教授)は，温暖化防止の手段のひとつとして検討されている，海洋肥沃化(海洋にプランクトンの栄養となる物質を散布して二酸化炭素(CO_2)の吸収を増加させる方策)の問題について，国際法の観点から検討する．

第Ⅱ部は「再生可能エネルギーの現状と北海道における可能性」をテーマとする．

第4章「再生可能エネルギーと地域経済」(吉田文和・北海道大学大学院経済学研究科教授，吉田晴代・札幌大学非常勤講師)は，現在北海道の各地で行われている再生可能エネルギー活用の取り組みについて，北海道の事例調査に基づいて成果と課題を明らかにする．

第5章「北海道における持続可能なエネルギーインフラ形成と経済振興」(近久武美・北海道大学大学院工学研究院教授)は，北海道を例として今日のエネルギーの抱える問題点と，これを克服して新たな社会を構築するための方向を論ずる．

第6章「地熱エネルギー利用の現状と見通し」(江原幸雄・九州大学名誉教授)は，地熱エネルギーについて，その特性，今日の状況，課題とその実相を学術的観点から解説し，今後の展開の可能性を論ずる．

第7章「家畜ふん尿バイオマス利用」(松田従三・北海道大学名誉教授)は，再生可能エネルギーである家畜ふん尿バイオマスについて，その現状と課題，固定価格買取制度も踏まえた今後の展望について解説する。

　第8章「電力の安定供給と再生可能エネルギー」(北裕幸・北海道大学大学院情報科学研究科教授)は，電力の供給の持つ特性，再生可能エネルギーを大幅に導入するための課題と，それを解決するための手段となる「スマートグリッド」とは何か，その方向性について解説する。

　第9章「再生可能エネルギーの固定価格買取制度」(安田將人・環境省地球環境局総務課低炭素社会推進室室長補佐)は，再生可能エネルギーの普及のための重要な制度である固定価格買取制度(FIT)について，FITの仕組みと現状，先に導入されたドイツとの比較について解説する。

　特に本書は，北海道の現状，再生可能エネルギーのポテンシャルと地域での取り組みの成果と課題について，詳細な分析が行われていることが特色となっている。日本と北海道の持続可能な発展について関心を持たれる多くの皆様に是非読んだいただきたい内容となっていることを確信する。

　　2013年12月24日
　　　　　　　　　北海道大学大学院経済学研究科教授・吉田　文和

目　次

序　文　i
はじめに　iii

第Ⅰ部　私たちが直面する地球温暖化問題の現状

第1章　世界が直面する地球環境問題とその取り組み　3

1. はじめに　3
2. 地球環境問題とその原因　4
3. 持続可能な社会と国際的な取り組み　7
4. 国連持続可能な開発会議(UNCSD, リオ+20)の概要とその成果　12
   国連持続可能な開発会議の開催経緯　13/我々が望む未来の概要　14
5. 持続可能な社会を目指して　24
   持続可能性に関する将来の予測　24/北海道の持続可能な未来への対応　28
6. まとめ　31
   引用・参考文献　32

第2章　わが国の温室効果ガス排出削減目標の考え方　35

1. 世界の温室効果ガスの削減目標の考え方　35
   温暖化の影響の将来予測　35/温室効果ガス濃度の目標の考え方　36
2. 温室効果ガスの排出削減に関する国際交渉　39
   これまでの議論　39/締約国会議における議論　40
3. わが国の削減目標をめぐる議論　43
   東日本大震災まで　43/東日本大震災後の検討　44/「革新的エネル

ギー・環境戦略」の決定　49
  4. 今後のエネルギー・地球温暖化政策を考える上での視点　52
    政権交代後の検討　52/エネルギー政策を取り巻く構造　53/政策を考える上での視点　54
  引用・参考文献　57

第3章　温暖化防止対策としての海洋肥沃化と国際法　59

  1. はじめに　59
  2. 海洋肥沃化　60
  3. 海洋投棄に関する国際条約体制と海洋肥沃化　61
    海洋投棄に関する国際条約体制(ロンドン条約体制)　61/ロンドン条約体制における海洋肥沃化問題への対応　63
  4. 考　察　66
    予防的アプローチの実現とその課題　66/国際ルールづくりのためのフォーラムの適切性　69
  5. むすび　72

第II部　再生可能エネルギーの現状と北海道における可能性

第4章　再生可能エネルギーと地域経済——北海道を中心として　75

  1. 再生可能エネルギーと地域経済　75
    再生可能エネルギーの特性　75/再生可能エネルギーと地域経済の関係　76/再生可能エネルギー事業モデルと評価指標　76
  2. 固定価格買取制度(FIT)の現状と課題　78
    固定価格買取制度(FIT)の意義　78/枠組み条件と数値目標設定　78/買取価格と買取期間　79/送電網への優先接続保障　80
  3. 北海道における再生可能エネルギーのポテンシャルとこれまでの経過　82

豊富で多様な北海道のポテンシャル　82／これまでの開発経過　83
　4．地域からの挑戦　85
　　　風力発電　85／太陽光発電　93／畜産系バイオガスと林業系バイオマス　94／地　熱　98
　5．むすび　99
　引用・参考文献　100

第5章　北海道における持続可能なエネルギーインフラ形成と経済振興　101

　1．はじめに　101
　2．現代社会のトリレンマ　102
　3．エネルギー資源の有限性と地球温暖化　105
　4．各種エネルギー技術　108
　5．太陽および風力エネルギーのポテンシャル　110
　6．理想社会像　111
　7．雇用と経済　113
　8．エネルギーインフラ形成による地域経済振興　116
　9．まとめ　119
　引用・参考文献　120

第6章　地熱エネルギー利用の現状と見通し　121

　1．地下の熱システム　121
　2．地熱資源の多様性　123
　3．地熱発電の特徴　127
　4．世界の地熱発電・日本の地熱発電　128
　5．わが国の地熱開発における3つの障壁　132
　6．持続可能な地熱発電技術　137
　7．2050年自然エネルギービジョンにおける地熱エネルギー　147
　8．おわりに　150
　引用・参考文献　150

第7章　家畜ふん尿バイオマス利用　153

1. はじめに　153
2. 家畜ふん尿の処理方法　155
3. 家畜ふん尿バイオガスプラント　156
4. 酪農における再生可能エネルギー導入の可能性　158
5. バイオガス発電のメリット　161
   家畜ふん尿バイオガス発電による温室効果ガス排出削減効果　161/バイオガス処理によるふん尿の悪臭低減効果　163/消化液中の固形分の敷料化　163/家畜ふん尿による発電可能量　164
6. 再生可能エネルギー固定価格買取制度(FIT)　164
7. 太陽光発電とバイオガス発電の競合　167
8. これからのバイオガスプラント　169

第8章　電力の安定供給と再生可能エネルギー　171

1. はじめに　171
2. 電力の安定供給とは　173
   供給力の確保　177/資源の確保　178/調整力の確保　179
3. 各種電源の安定供給能力　180
   従来型電源の能力　181/再生可能エネルギー発電の能力　182
4. 再生可能エネルギー発電の能力向上のための方策　184
5. 「日本型スマートグリッド」の可能性　187
6. おわりに　188

第9章　再生可能エネルギーの固定価格買取制度　191

1. はじめに　191
2. わが国における再生可能エネルギーの現状と特徴　192
   再生可能エネルギーの現状　192/再生可能エネルギーの特徴　192
3. これまでの再生可能エネルギーの導入推進策　194
   補助金による支援(1997年〜)　194/RPS制度(2003年〜)　194/太陽光

発電の余剰電力買取制度(2009年〜)　197
4．再生可能エネルギーの固定価格買取制度(2012年〜)　198

再生可能エネルギー特別措置法成立までの経緯　198/再生可能エネルギー特別措置法の目的および制度の概要　199/再生可能エネルギー発電設備の発電の認定(法第6条関係)　202/調達価格・調達期間(法第3条関係)　203/特定契約(法第4条関係)　207/接続契約(法第5条関係)　210/電気事業者間の費用負担の調整(法第三章および第四章関係)　213/既存設備の取り扱い　214/固定価格買取制度の効果　216/北海道における太陽光発電の受入容量問題　217

5．さらなる再生可能エネルギーの導入拡大に向けた施策　218

系統網整備および蓄電池の活用　218/規制緩和　219

6．おわりに　220

引用・参考文献　220

おわりに　221
索　引　225

第 I 部

私たちが直面する地球温暖化問題の現状

第1章 世界が直面する地球環境問題とその取り組み

荒井眞一

1. はじめに

　二酸化炭素濃度の上昇による地球温暖化，絶滅危惧種の増加など生物多様性の喪失，希少元素問題やごみ問題に代表されるような資源の枯渇や廃棄物の処理など多くの地球環境問題に私たちは直面している。これらの解決のためには，個別の問題に対応するばかりでなく，将来を見据えて社会や経済を持続可能なものへとつくりかえていくことが必要である。持続可能な社会は，地球が許す環境容量の範囲内で我々人類が生活していくこと，いわば地球資源という元金には手をつけず，その利子ともいえる再生可能なエネルギーや資源の利用枠内で生活できる社会であり，その達成のために世界的に現代のシステムを変更していくことが必要になっている。

　このような状況の下で国際社会は，持続可能な社会づくりに1972年の国連人間環境会議以来交渉を重ね，気候変動に関する国際連合枠組条約(気候変動枠組条約)や生物多様性条約などの国際的枠組みに合意してきた。また，2015年を目標とするミレニアム開発目標(MDGs)を設定し，貧困者の割合を半分にするなどの目標の達成に向けて努力が続けられている。

　2012年6月には，1992年に開催された国連環境と開発会議(リオ・サミット)から20周年に当たることを契機に，国連持続可能な開発会議(UNCSD,

リオ＋20)が開催され，持続可能な社会の達成に向けて，サステイナブル・デベロップメント・ゴール(持続可能な開発目標，SDGs)を設定して各国がその達成に向けて努力すること，グリーン成長によってより環境負荷の少ない経済に世界全体を変えていくこと，国連の取り組みを強化するために，国連環境計画(UNEP)を強化することなどが合意された。

　ここでは，リオ＋20のその後の状況なども含めて紹介し，日本，そして北海道として持続可能な社会づくりをどう進めていくべきか考える。

2. 地球環境問題とその原因

　「宇宙船地球号」という言葉が1960年代の初めに提唱され，地球の資源やエネルギーの有限性，その上で生活する人類や経済などの活動の有限性が指摘されてから半世紀がたつ。その間，人口増や産業経済の発展により地球にいっそうの負荷をかけてきた。

　2012年6月に発表されたUNEPの地球環境の見通し(Global Environment Outlook 5, UNEP 2012)では，環境の持続可能な管理の推進と人間の福利を改善するため今までに500以上の国際的な目標が合意，設定されてきたものの，世界は持続可能でない道を加速しながら進んでいるとしている。例えば，2000〜2009年は過去の記録されているなかでは最も暑い10年間であり，2010年には化石燃料の燃焼などによる温室効果ガス(GHGs)の排出量は過去最大になっていて，このままだと今後50年間で排出量は2倍となり，21世紀末の世界の気温は3℃かそれ以上上昇すると指摘されている。生物多様性については，脊椎動物の20%が危機に瀕していること，また，陸地の30%以上が農業生産に使われており1980年以来20%以上自然の生息地が縮小していること，生態系では特にサンゴ礁の消滅のリスクが増大していることを指摘している。さらに，MDGsの目標年までに600万以上の人が安全な水を利用できず，25億人以上が基本的な衛生施設を利用できないこと，粒子状物質による大気汚染により毎年約370万人が死亡し，地表のオゾンによる汚染で70万人以上が呼吸器系疾病で死亡しているとされている。

　一方，将来の予測を見ても，経済開発協力機構(OECD)の環境アウトルッ

ク 2050(OECD, 2012a)によると，2010～2050 年にかけて，世界人口が 70 億人から 90 億人以上へと増加し，世界経済の規模が約 4 倍に拡大すると予測している。これにともない，より意欲的な対策を講じない場合には，UNEP の報告と同様に世界の GHGs 排出量は 50％増加し，今世紀末までの世界平均気温の上昇幅は，現在の 2 度以内に抑えるという国際目標を大きく超えて 3～6℃となり，より破壊的な気候変動が起こる可能性がある。生物多様性の喪失も，特に気候変動によって加速し 2050 年までに 10％減少，原生林面積も 13％減少すると見込まれている。水需要も 55％程度増加し，深刻な水不足に見舞われる人口はアフリカ，アジアを中心に 23 億人増加すると予想されている。また，粒子状物質や，オゾン，有害化学物質による大気汚染が原因となって早期死亡などの被害が増加するとされている。

　このような状況をエコロジカル・フットプリント(「生態学的な足跡」)という指標で見てみると，2008 年には，地球の総生物生産量は 120 億グローバルヘクタール(gha[*1]，1 人当たりでは 1.8 gha/人)だったが，人類のエコロジカル・フットプリントは 182 億 gha(2.7 gha/人)であり，地球の容量の 1.5 倍の過剰利用(エコロジカル・オーバーシュート)になっていると指摘されている(WWF ジャパン，2012)。エコロジカル・フットプリントは，生産阻害地といわれる道路や建物の面積，人間の消費した資源を生産するための耕作地，牧草地や漁場，木材を生産するための森林地，それにエネルギー使用により発生した二酸化炭素の吸収のために必要な土地(カーボン・フットプリント)を世界の土地の平均的な生産能力に換算して(gha)足し合わせたものである。2008 年の状況は，計算上，人類が 1 年で消費する再生可能資源を地球が再生するのには 1.5 年かかることになるが，現実には全体の 55％を占めるカーボン・フットプリントが不足することになるため，大気中二酸化炭素濃度の上昇を招いている。また，エコロジカル・フットプリントは国間の差が大きく，日本は 4.17 gha/人と世界平均の 1.5 倍であるが，高所得国では 5.60 gha/人，低所得国では 1.14 gha/人と約 5 倍の開きがある。2050 年の予測では，もし持

[*1] グローバルヘクタール(gha)：世界の平均的な生物生産性を有する土地 1 ha の生産能力を表す。

続可能な社会への特別な対策が取られない場合には，1961～2008年までの傾向を延長して予測すると地球の容量の2.9倍の過剰利用に陥るとされている。

ここでエコロジカル・フットプリントと1人当たりGDPの関係は，国民1人当たりのGDPの高い国では，エコロジカル・フットプリントも大きい傾向にあり，現在の社会経済の構造が変わらない限り，今後，経済成長を続ければ環境負荷が増大する可能性が高い。また，エコロジカル・フットプリントと人々の生活の質や発展の状況を示す指標である人間開発指数(HDI)の関係を見ると，環境負荷の低い国ではHDIも低く，高い国ではHDIも高くなっており，生活の質の向上を達成しながら環境負荷が少ない社会を達成することからは非常に遠い状況にある(図1；環境省，2012a)。

なお，HDIは，国別に社会・経済開発の状況を示す指標として，国連開発計画(UNDP)が，導入したもので，平均余命，成人の平均就学年数および

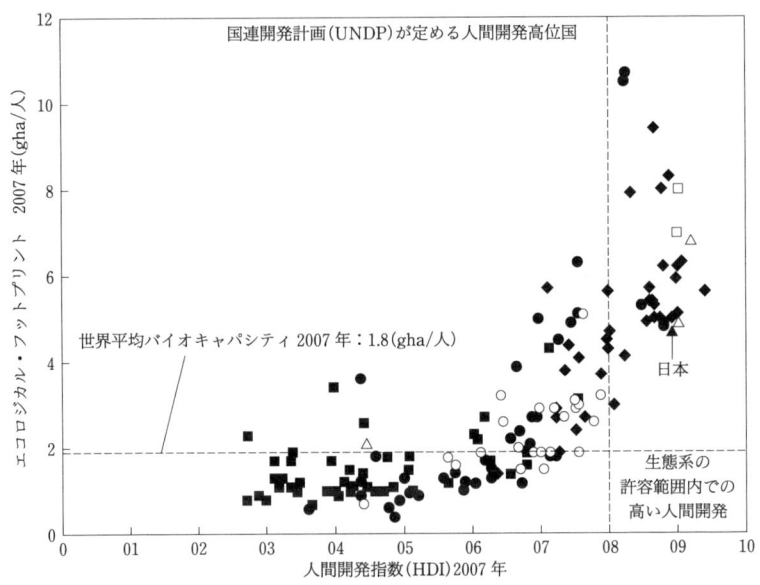

図1　エコロジカル・フットプリントと人間開発指標の関係(環境省，2012a より)。
■アフリカ諸国，●アジア諸国，▲日本，◆ヨーロッパ諸国，□北米諸国，○ラテンアメリカ・カリブ諸国，△オセアニア諸国

子供の就学期待年数ならびに1人当たり国民総所得(GNI)から0と1の間で算出される。2013年の報告書では，ブラジル，中国，インドなどの大国ばかりでなく，バングラデシュ，チリ，ガーナといった途上国においてもHDIの向上が著しく，UNDPは「南の台頭」と呼んでいる。これは，積極的な発展志向，グローバル市場の開拓，社会政策とイノベーションが原動力となったとし，この結果として極度の貧困下で生活する人々が世界人口に占める割合は，43%(1990年)から22%(2008年)へ急減した，そして2015年までに1日1.25ドル未満で生活する人々の割合を半減させるというMDGsの貧困撲滅ターゲットをすでに達成したとしている(国連開発計画, 2013)。ただし，途上国がこの傾向を維持するためには，人口の高齢化，社会的不平等，市民参加の不足など，なかでも気候変動を中心とする環境問題に対処する必要があり，地球規模での協力により環境上の惨事を防止しないと，最も影響を受けやすい極度の貧困下にある人々の数が2050年までに最大で30億人増加するおそれがあるとも指摘している。

　このように，人類の活動は，地球の環境容量を大きく超えており，途上国と先進国のバランスを考慮して経済，社会を持続可能なものに変えていかない限り，過剰利用により気候変動や生物多様性の減少がもたらされ地球の生態系が重大な影響を受け，人類も深刻な被害を被るおそれがあると考えられる。

3. 持続可能な社会と国際的な取り組み

　持続可能な社会に向けての，国際社会の取り組みを見ると，1972年に環境をテーマとした最初のハイレベル会合として，国連人間環境会議がストックホルム(スウェーデン)で開催され，人間環境宣言が採択された。その15年後の1987年には，日本の提案により設置された国連環境と開発に関する世界委員会(ブルントラント委員会)が，「地球の未来を守るために(Our Common Future)」を発表し，持続可能な開発(将来の世代のニーズを満たす能力を損なうことがないような形で，現在の世代のニーズも満足させること)という地球環境問題を考える上で鍵となる理念を提示した(国連総会文書, 1987；吉田ほか, 2012)。こ

こで持続可能な開発は，資源の開発，投資や技術開発の方向，制度的な改革がすべてひとつにまとまり，現在および将来の人間の欲求と願望を満たす能力を高めるように変化していく過程であるとされ，固定された状態で調和しているのではないとされている。この際，特に貧しい人々の安全な飲料水，食料，衣類，住居，基礎教育などの基本的ニーズ(ベーシック・ヒューマン・ニーズ，人間の尊厳を守るために最低限必要な生活条件)を充足することおよび技術や社会組織のあり方によって規定される，現在や将来の世代の欲求を満たせるだけの環境の能力の限界を超えないこと，裏を返せば限られた資源やエネルギーの消費や利用についての先進国と途上国間での公正・公平な分配が重要であることを強調している(大来，1987)。

　1992年には，リオサミットが開催され，①環境と開発に関するリオ宣言の採択，②持続可能な開発の達成に向けての行動計画，アジェンダ21の採択，および③地球環境問題への具体的な取り組みのための気候変動枠組条約および生物多様性条約の調印ならびに森林原則声明の採択が行われた。また2年後には国連砂漠化対処条約が採択された。これらのうち特にリオ宣言は，27の原則からなり国際的な議論の主要な論点が集約されている(地球環境研究会，2008)。

　リオ宣言の第1原則は，人類が持続可能な開発の中心にあることを示し，さらに現在および将来の世代との間での公平性(第3原則)という持続可能な開発の基礎的な原則を提示にしている。これらに加え，特に注目されるのが，第7原則(共通だが差異のある責任の原則)および第15原則(予防原則)である。

　第7原則は，「……地球環境の悪化への異なった寄与という観点から，各国は共通のしかし差異のある責任を有する。先進諸国は，彼らの社会が地球環境へかけている圧力および彼らの支配している技術及び財源の観点から，持続可能な開発の国際的な追求において有している責任を認識する」と述べており，先進国と途上国は，地球環境問題の解決に向けて共通した責任を持つが，両者では責任の程度には差があるとしている。これは，世代内の公平性に関する原則といえ，例えばオゾン層保護のためのモントリオール議定書においては，オゾン層破壊物質であるクロロフルオロカーボン(CFC)の全廃時期の規定は，途上国に対し先進国に比べて10年の延長が認められたほか，

途上国を支援するための基金が設立された．気候変動枠組条約や生物多様性条約においても，共通だが差異のある責任は原則として明示され，締約国の義務についてもこれを反映して差異がつけられている．しかし，そもそも何をもって公平とするかの基準についてさまざまな見解があることに加えて，先進国，途上国間で公平な負担配分とは問題の性質や状況に応じて変化するものであるため，例えば2020年以降の国際的な気候変動対策の枠組みの議論のなかでも，両者の間で激しい議論が行われている．

次に，予防原則については「深刻な，あるいは不可逆的な被害のおそれがある場合には，完全な科学的確実性の欠如が，環境悪化を防止するための費用対効果の大きな対策を延期する理由として使われてはならない」としている．これは，例えば公害防止措置のような汚染により発生する損害について科学的不確実性が存在しない場合に取られる「未然防止原則」に基づく措置から一歩踏み込んで，気候変動問題のように将来予測に不確実性が残る場合にあっても起こりうる可能性のあるリスク，即ち潜在的なリスクへの対応として予防原則に基づき措置を取ることが求められている．この原則は，気候変動枠組条約や世界貿易機関(WTO)の衛生植物検疫措置の適用に関する協定(SPS条約)に取り入れられている．しかしながら，予防原則自体が一般的に国家を拘束する慣習的な国際法として認められるところまでは国際合意が得られていない．このため今後，できる限りの科学的知見を踏まえ，長期的な見地に立ち将来を配慮して決定を行えるような国際合意，仕組みの形成が課題となっている．

その後，2000年9月に開催された国連ミレニアム・サミットにおいて，人間開発(Human Development)を推進するための21世紀の国際社会の目標として国連ミレニアム宣言が採択され，21世紀の国連の役割に関する方向性が提示された．人間開発とは，人々が自由と尊厳を持って，十分かつ創造的な生活をおくれるように，人々の可能性と選択肢を拡大することとされている．これは，ベーシック・ヒューマン・ニーズを満たすだけではなく，人間の安全保障[*2]に向けて公平な成長をもたらそうとするものである．この宣

[*2] 人間の安全保障：環境破壊，人権侵害，貧困など，人間の生存，生活，尊厳を脅かすあ

表1　ミレニアム開発目標とおもなターゲット（外務省：http://www.mofa.go.jp/mofaj/gaiko/oda/doukou/mdgs/about.html#mdgs_list）

目標1　極度の貧困と飢餓の撲滅
- 1日1.25ドル未満で生活する人口の割合を半減させる。
- 飢餓に苦しむ人口の割合を半減させる。

目標2　初等教育の完全普及の達成
- すべての子どもが男女の区別なく初等教育の全課程を修了できるようにする。

目標3　ジェンダー平等推進と女性の地位向上
- すべての教育レベルにおける男女格差を解消する。

目標4　乳幼児死亡率の削減
- 5歳未満児の死亡率を3分の1に削減する。

目標5　妊産婦の健康の改善
- 妊産婦の死亡率を4分の1に削減する。

目標6　HIV/エイズ，マラリア，その他の疾病の蔓延の防止
- HIV/エイズの蔓延を阻止し，その後減少させる。

目標7　環境の持続可能性確保
- 安全な飲料水と衛生施設を利用できない人口の割合を半減させる。

目標8　開発のためのグローバルなパートナーシップの推進
- 民間部門と協力し，情報・通信分野の新技術による利益が得られるようにする。

言と1990年代に議論，採択されていたさまざまな国際開発目標が統合されて前述のようにMDGsがまとめられた。MDGsは，2015年までに国際社会が達成すべき8つの目標，21のターゲット，59の指標を掲げている（表1）。具体的には，貧困の削減などとともに目標7として環境の持続可能性の確保があり，そのターゲットとして持続可能な開発の原則の各国の政策への反映，2015年までに安全な飲料水と基礎的な衛生設備を継続的に利用できない人々の割合を半減させるなどの4つのターゲットが設定されている。UNDPによると貧困者の割合の半減や安全な飲料水を利用できる人の割合が1990年の76%から2010年の89%に増加し，21億人以上の人々の状況が改善されたなど，いくつかのゴールは達成されたものの，1990年から現在まで46%という二酸化炭素の著しい排出量の増加，森林減少の継続，基本的な衛生施設を利用できる人の割合はまだ64%であり，ターゲットの75%の達成には時間がかかることなどが指摘されている。このため，国際社会と

［前ページからつづく］らゆる種類の脅威を包括的に捉え，これらへの取り組みを強化しようとする考え方。

して2015年の目標年に向けていっそうの努力が必要とされている。

一方，リオサミットから10年後の2002年には，持続可能な開発に関する世界首脳会議(WSSD，ヨハネスブルグサミット)が開催され，ヨハネスブルグ宣言と行動計画が採択されて，リオでの持続可能な開発に向けての各国の約束(コミットメント)が再確認された。宣言では，直面する課題として，消費形態の変更と天然資源の保護，管理，貧富の差や先進国と途上国との格差の是正，地球環境問題による被害の防止を示し，特にグローバリゼーションによる新たな挑戦と可能性について指摘した。また，行動計画では，これらの課題の解決のための方策を提示しているが，特に実施の手段のなかで，タイプ2プロジェクトとして自主的な約束によるプロジェクトとその登録制度を導入したことが注目された。これは，各国や機関，NGOなどの自主的なプロジェクトであり，タイプ1いわゆる政府間合意に基づくODAによる約束，プロジェクトなどと異なり，民間資金やイニシアティブによるものも含んでいる。持続可能な開発の達成のためには政府による活動やODAのみでは不十分であり民間の活動が不可欠であるという認識の下に始められたものである(エネルギージャーナル社，2003)。

また，ヨハネスブルグサミットの機会に，わが国が提案して持続可能な開発のための教育(ESD)の10年(DESD)を開始することが合意され，2005～2014年と定められた。ESDとは持続可能な開発のために，私たち一人ひとりが，世界の人々や将来世代，また環境との関係性のなかで生きていることを認識し，行動を変革することができるようにするための教育であるとされている。ESDはいわゆる環境教育と重なる部分があるが，それより広い視点で能力開発，教育を行っていこうとするものであるといえよう。日本政府は，ESD実行計画を策定してその進展をはかっているが(「国連持続可能な開発のための教育の10年」関係省庁連絡会議，2011)，「国連ESDの10年」の最終年となる2014年11月には日本政府とユネスコ(UNESCO)の共催で，「持続可能な開発のための教育(ESD)に関するユネスコ世界会議」が愛知県名古屋市と岡山県岡山市で開催されることとなっている。

日本においては，上記のESDの展開を含め，持続可能な社会づくりに向けての取り組みが進められているが，2007年に策定された「21世紀環境立

国戦略」では，特に低炭素社会，自然共生社会および循環型社会の3つの側面に焦点を当て，これらの推進を通じて持続可能な社会の実現をはかることとされている。2012年4月に閣議決定された第4次環境基本計画では，東日本大震災の経験を踏まえて，これらの3つの側面の統合的な達成とその基盤としての「安全」を確保することを基本として，環境・経済・社会の各政策領域間および環境政策各分野間の連携，統合によって持続可能な社会の構築を目指している(環境省，2012b)。具体的な分野としては，経済・社会のグリーン化とグリーン・イノベーションの推進，持続可能な社会を実現するための地域づくり・人づくり，基盤整備の推進と震災復興，放射性物質による環境汚染対策が温暖化対策などに加えてあげられている。

4. 国連持続可能な開発会議(UNCSD，リオ+20)の概要とその成果

国連持続可能な開発会議は，2012年6月20～22日にリオデジャネイロ(ブラジル)で開催され，国連加盟188か国とEUなどから約100名の首脳や多数の閣僚のほか，各国議員，地方自治体，国際機関，企業，NGOなどから約3万人が参加した。この会議は，リオサミットなどで確認された持続可能な開発に対する各国の政治的なコミットメントを再確認することを目的として，持続可能な開発に向けての経済，社会，環境の3つの柱の統合に向けた取り組みの活性化および整合のとれた政策とプログラムの採択を目指していた。主要な議題は，①貧困の撲滅と持続可能な開発のためのグリーンエコノミーと，②持続可能な開発に向けての制度的な枠組み(IFSD)であった。グリーンエコノミーとは環境問題にともなうリスクと生態系の損失を軽減しながら，人間の生活の質を改善し社会の不平等を解消するための経済のあり方(UNEP，2011)である。一方，後者では国連を中心とした制度の強化・効率化として，持続可能な開発理事会の設立，UNEPの専門機関化，また，環境ガバナンス(統治，意思決定のシステム)の強化なども議題となった。

会議の結果として，「我々の求める未来」が採択された。これは，①グリーン経済は持続可能な開発を達成する上で重要なツールであり，それを追求する国による共通の取り組みとして認識すること，②持続可能な開発に関

するハイレベル・フォーラム(HLF)を創設すること，③都市や防災をはじめとする 26 の分野における取り組みについての合意，④持続可能な開発目標(SDGs)について政府間交渉のプロセスを立ち上げること，⑤持続可能な開発に関する資金調達戦略に関する報告書を作成することなどが合意された．

4.1　国連持続可能な開発会議の開催経緯

2009 年 12 月に第 64 回国連総会において，UNCSD を開催することが決定され，翌年 5 月には第 1 回準備委員会が開催されて正式な準備プロセスが開始された．そして，3 回の非公式会合，合計 4 回の成果文書についての交渉会合が持たれた．この間，持続可能な開発と低炭素社会の繁栄に向けた新たなビジョンと具体的提言を示すことを目的として，「地球の持続可能性に関するハイレベルパネル」(GSP)が，潘事務総長のイニシアティブにより 2010 年 8 月に設置された．このパネルでは，ズマ南アフリカ大統領とハローネンフィンランド大統領が共同議長となり，鳩山由起夫元総理など 22 名の有識者によって検討を行い，「強靱な人々，強靱な地球──選択の価値のある未来」という報告書をまとめて，持続可能な開発の主流化を主張し，未来のビジョンと 56 の具体的提言を行った．そして，持続可能な開発に向けて人々の能力の強化(エンパワーメント)のが必要であること，また良いガバナンスの確保とグリーン経済への移行が重要であることを示した．また，具体的な方策として GDP を超える新たな指標の開発と持続可能な開発に関する具体的目標(SDGs)の策定，現状の把握と評価のための報告書の作成などを提案した(地球の持続可能性に関するハイレベルパネル 2012)．

　また，アジア太平洋地域準備会合(2011 年 1 月ソウル)など世界の各地域での準備会合の開催，成果文書の内容についての各国や関係者などからの意見・要望の提出なども行われた．日本からは，「持続可能な開発に向けた 9 つの日本提案」として，防災対策のための新たな国際合意の策定，低炭素社会を実現するための大胆なエネルギーシフトの実践，ESD を発展させる持続可能な市民育成イニシアティブの開始などが提出された(日本国政府，2011)．

　なお，国内では関心を有する利害関係者(ステークホルダー)が自発的に集まり「リオ＋20 国内準備委員会」を設立して(共同議長：小宮山宏(三菱総合研究所

理事長),崎田裕子(NPO法人持続可能な社会をつくる元気ネット理事長)),東日本大震災の経験を踏まえたグリーン復興,文化・社会的公平の実現やすべての人の連携などの5つの政治的決意などを日本のステークホルダーからの提言として提出した(リオ＋20国内準備委員会,2011)。

　このようななかで,先進国と途上国間には,新たな政治的約束について途上国の発展も踏まえて未来志向のものとするのか,あるいは共通だが差異のある責任に基づく従来からの約束の遵守を重視するのか,グリーン経済を国レベルの開発戦略に盛り込むべきかあるいは途上国への援助の際の条件などにならないように持続可能な開発のための選択肢のひとつとしての位置づけにとどめるのかというような点について大きな考え方の違いがあった。また,制度的な枠組みについても,新たな理事会として「持続可能な開発理事会」を設置するのか,UNEPを恒久的な専門機関とするのか,国際社会の行動の枠組みとしてグリーン経済のロードマップや資金,技術移転の新たなコミットメントを含めるのかなどの点について,各国の見解が大きく異なりながら,最終文書の採択に向けて交渉が行われた(外務省,2012b)。

4.2　我々が望む未来の概要

　最終的に採択された「我々が望む未来」という成果文書は,I共通ビジョン,II政治的コミットメントの更新,III持続可能な開発及び貧困撲滅の文脈におけるグリーン経済,IV持続可能な開発のための制度的枠組みおよびV行動とフォローアップ,そしてVI実施手段の6部分から構成されている(環境省,2012c)。

(1) **政治的なコミットメントの再確認**

　IおよびIIは,いわば総論であり,まず持続可能な開発に向けた政治的コミットメントを再確認し,地球と現在および未来の世代のために,経済的,社会的,そして環境面からも持続可能な未来を促進することを確認した。そして,貧困撲滅,持続可能でない生産と消費パターンの変更,天然資源基盤の保護と管理が,持続可能な開発の必須条件であるとした。具体的な対応として,MDGsの達成と,過去に合意された国連人間環境会議のストックホ

ルム宣言や環境と開発に関するリオ宣言などの過去のコミットメントを再確認し，それを進捗させるために，具体的な手段を取ることを決意したことを表明した。また，持続可能な開発において人間が中心であることを認識し，すべての人々に対する完全かつ生産的な雇用およびディーセントワーク(働きがいのある人間らしい仕事)の推進などの途上国の努力を先進国が支援する重要性を認めた。持続可能な開発の追求に関与するさまざまな主体やステークホルダーの多様化を認識し，特に市民社会のすべてのメンバーが積極的に参加することの重要性を認めた。

また，GDPを補完して，より良い形の政策決定を行うことができるようにする指標に関して，国連に対し作業計画の立ち上げを要請した。

(2) グリーン経済の推進

Ⅲの持続可能な開発及び貧困撲滅の文脈におけるグリーン経済については，持続可能な開発を達成する上でグリーン経済は重要なツールであるとされたが，その導入については国家開発計画に一律に取り入れるというのではなく，各国固有の事情に応じて異なる方法が取られるべきであることを確認した。そしてグリーン経済のさまざまな手法と優良事例についての情報交換を促進すること，グリーン経済の推進のためには技術開発・移転とイノベーションが重要であることを確認した。これは，天然資源量など地球環境の制約条件の深刻化を認識し，一方で公平な国際市場の拡大を望む先進国と，グリーン保護主義による貿易の差別や環境対策の実施による追加費用の発生を危惧する途上国の間で妥協が行われた結果であるといえる。

グリーン経済は，2009年4月のG20会合(ロンドン)で議論され，同5月のOECDグリーン成長に関する閣僚宣言(OECD, 2009)，2010年のG20会合(G20ソウルサミット，2010)文書でグリーン成長やそのための戦略を推進することが合意され，注目を浴びたものである。国際的に合意されたグリーン経済の定義はないものの，UNEP，OECDなどさまざまな国際機関がそれぞれの考えを示している(UNEP, 2011；OECD, 2011；UNESCAP, 2012)。UNEPによると，前述のとおりグリーン経済は，人間の幸福(Human well-being)，社会的公平性をもたらし，一方で環境リスクと生態学的な希少性を減少させる

経済システムであり，特に温暖化対策の観点からは低炭素で，資源を有効利用し，社会的参加が行われる経済であるされている。グリーン経済の例として表 2 に示すような例を報告しており，再生可能エネルギー，グリーンな交通・建築およびクリーンな生産と消費の普及，生態系の保全と自然資本の持続可能な利用などがその構成要素となっている。また，10 の主要産業セクターに世界の GDP の 2% を投資するだけで低炭素，資源効率の高い経済に向けての移行が可能であるという予測結果を示している。一方国連アジア太平洋経済社会委員会(ESCAP)低炭素グリーン成長ロードマップによると，グリーン経済に向けて経済成長の質の改善と正味の成長の最大化が課題となるが，このためにはガバナンス，ライフスタイルといった目に見えない経済構造の変化と，物理的インフラなど目に見える構造の変化が必要であり，市場で自動的に変化が起きるわけではないため，各国政府が政治的なリーダーシップを取り，コミットメントで，システムの変化を起こすことが必要であると述べている。

日本では 2012 年 8 月に環境省が，「グリーン成長の実現と再生可能エネルギーの飛躍的導入に向けたイニシアティブ」を発表し，浮体式洋上風力発電の市場化や膜処理技術の活用など再生可能エネルギーと水分野からのイノベーション，「自立・分散型エネルギーシステム」の構築などの地域発の改

表 2　グリーン経済の例(抄)(UNEP, 2011 より)

- バングラデシュのグラミン・エネルギープログラム
    家庭用太陽光システム(SHSs)，バイオガスシステム普及のためのソフトクレジットの提供(2009 年の 32 万世帯から 2015 年の 100 万世帯へ拡大計画)
- 廃棄物のリサイクル政策：ブラジル
    地方自治体による回収システム(雇用の創出と貧困解消)，国家固形廃棄物政策
- グリーン交通システム
    イギリス・ロンドン：混雑税，シンガポール：電子式道路料金徴収システム，車両割当制度(Vehicle Quota System)，コロンビア・ボゴタ：バス高速輸送システム(BRT)
- エコ税：雇用と環境への二重の配当(Double Dividend)
    ドイツ：燃料，電気，オイル，ガスへの環境税課税と年金基金への支援→年金基金用支払の 1.7% 分の削減，25 万人分の雇用創出，3% の CO_2 削減
- 長期的な投資：ノルウェーの年金基金
    環境投資として，気候変動防止の観点から望ましいエネルギー，エネルギー効率の改善，二酸化炭素回収・貯留(CCS)，水処理技術，廃棄物処理などに対して投資

革力,高齢化社会に調和した先進的住宅省エネ技術を活用した家庭が主役のイノベーション,途上国との協力により二酸化炭素排出量を削減する仕組みである二国間オフセット・クレジット制度を中心とした日本型グリーン技術の国際市場展開,そしてグリーン金融などグリーン成長を支える基盤創造の5つの基本戦略を示している(環境省,2012d)。

(3)制度的枠組み

持続可能な開発に向けての国連の体制の強化策として,当初は持続可能な開発理事会の創設も韓国などから支持された。しかし結局,国連総会の下で貿易,経済開発などの経済問題と人間環境,人口,食料などの社会問題を担当する経済社会理事会(ECOSOC)の環境問題への取り組みが弱いことから,これを経済,社会,環境の3分野における主要な組織として強化することが合意された。そして,下部組織の機能委員会のひとつとして1992年にリオサミットを契機として設置された持続可能な開発委員会(CSD)に代わり,第68回国連総会の開始(2013年9月)までに第1回ハイレベル政治フォーラム(HPF)を組織,開催することが合意された(図2)。

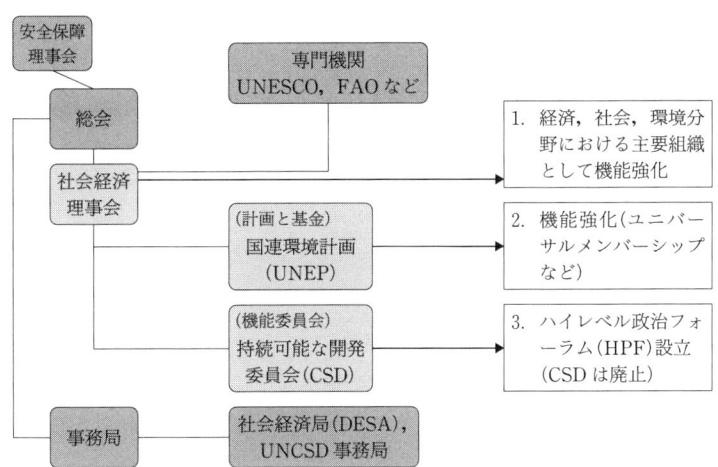

図2　持続可能な開発のための国連の制度的枠組み(IFSD)
(環境省,2012c などから筆者作成)

また，国連総会の補助機関であるUNEPを強化・格上げして，現在58の管理理事国ばかりでなく普遍的なメンバーシップとする，資金面からの支援を強化する，国連関係機関内で環境に関する諸活動の総合的な調整を行うとともに，その調整能力を強化するなどが合意された。具体的内容については第67回国連総会(2012年)で決議を採択することとなった。なお，当初EUが主張していたようなUNEPの専門機関化については，米国，カナダなどの反対により実現しなかった。

(4) 行動とフォローアップのための枠組み

優先的に取り組むべき具体的なテーマとして，貧困撲滅，水と衛生，エネルギー，自然災害のリスク削減，気候変動，森林，生物多様性，砂漠化・土地の劣化・干ばつ，化学物質と廃棄物，持続可能な消費および生産，教育，男女平等・女性の社会的地位向上などの26の分野別の取組みについて合意がなされた。

例えば，エネルギーについては，現在でも14億の人々が近代的エネルギーサービスにアクセスできない状態であり，このために開発プロセスにおけるエネルギーの役割の重要性が指摘され，すべての人が持続可能な近代的エネルギーサービスにアクセスできるという課題に対応することが重要とされた。そして，国連事務総長による「すべての人のための持続可能エネルギー」イニシアティブを支持することになった。また，各国のエネルギー政策については，適切なエネルギーミックスを用いた施行を支援することが合意され，特にエネルギー効率改善，再生可能エネルギーの割合の拡大の重要性が指摘された。

一方，気候変動については，気候変動枠組条約の枠組みの下で別途国際的な交渉が進められているが，UNCSDにおいても現代の最大の課題のひとつとされた。特に途上国は脆弱であり，適応が喫緊の世界的優先事項であること，気候変動はすべての国による広範な最大限の協力を求めるものであり，共通だが差異のある責任の原則に則り，国連気候変動枠組条約の「気候系に対して危険な人為的干渉を及ぼすこととならない水準において，経済開発が持続可能な態様で進行できるなどの期間内に大気中の温室効果ガス濃度を安

定化させる」という目的と約束を想起して対応すべきことが合意された。そして，各国の温室効果ガス(GHGs)の排出量削減の全体的な成果と，国際的な目標として合意されている産業革命以前より2℃の温度上昇に抑えるという排出量に関する目標との間に大きな隔たりがあることに留意して，締約国に対し，国連気候変動枠組条約および京都議定書の約束を完全に実施することを促した。また，途上国支援のためグリーン気候基金のような資金を動員することの重要性を指摘した。

このほか，持続可能な都市について廃棄物のリデュース，リユース，リサイクル(3R)，防災など経済，社会，環境の3つの面で価値を有する都市づくりが重要であること，防災については，現行の兵庫行動枠組み[*3]の重要性を指摘し，防災政策を主流化する必要があることが強調された。

また，既存のMDGsの全面的な達成を目指すことを確認し，それと整合性があり，国連システム全体の持続可能な開発の実施・主流化の原動力となる目標としてSDGsについて検討することとした。SDGsは，持続可能な開発の3つの側面(経済，社会，環境)に統合的に対応するものであり，リオ宣言による原則などのコミットメントを基盤として，①各国の異なる現状や能力，発展のレベルおよび優先事項を考慮し，②行動志向で，簡潔かつ限られた数であって，③向上心があり普遍的なものであるべきであるとされた。また，ターゲットと指標により進捗状況をチェックするべきとされた。具体的なSGDsについては，作業部会を設置して検討が行われており，第68回国連総会に報告，議論される。

(5)実施手段としての資金と科学技術，自主的なコミットメント

以上の行動には，特に開発途上国が付加的な資源を必要としていることを再認識して，資源の動員と効果的な利用が必要であるとした。

資金については，国連総会の下に政府間プロセスを立ち上げ，「持続可能

[*3] 兵庫行動枠組み：2005年に神戸市において開催された，「国連防災世界会議」で採択された，「災害に強い国・コミュニティづくり」をテーマとする，2005〜2015年の国際社会における防災活動の基本的指針である。ヨハネスブルグ行動計画に基づき脆弱性，リスク評価および防災推進の実施を目指して具体的な活動を特定するなどを定めている。

な開発ファイナンシング戦略」に関する報告書を作成すること，そして2014年までにそれを国連総会で検討することが合意された．また，1970年の国連総会で決議されながらいまだに達成のできていない各国のODAの対GNP比0.7%目標および，2002年の国連開発資金会議で採択された「モンテレイ・コンセンサス」で国際合意がなされた，各国の後発開発途上国向けODAの対GNP比0.15〜0.20%目標を確認した．しかし，先進国による追加的資金拠出は合意には含まれなかった．

なお，日本は，ODA総額110億ドル（9,700億円）と世界5位，国民1人当たりに換算すると86,500ドル/人となっているものの，対GNI比が0.20%（2010年）にとどまるため，0.7%目標の達成のためにはさらなる努力が必要となっている（外務省，2012a）．

一方，技術の面では，関連する国連機関に対し，クリーンで環境に配慮した技術の開発，移転，普及を促進するメカニズムの選択肢を特定するよう要請し，その結果を第67回国連総会に提出するように要請した．

さらにコミットメントの登録として，UNCSDにおいて各国政府やNGOなどによって自発的に行われた政策，計画，プロジェクトや行動のコミットメントの登録が行われた．国連事務総長がこれらをまとめ，インターネットベースの登録簿を作成して，ほかのコミットメント登録簿とのアクセスを促進することになった．この結果，約730の約束がなされ，総額5,300億ドルに達する支援が行われることになった．

このような自主的な約束は，WSSDにおいて開始された画期的なものであった．当初，パートナーシップと呼ばれ，国連の持続可能な開発委員会（CSD）において，政府間交渉の成果であるWSSDのヨハネスブルグ行動計画やアジェンダ21の実施の強化のためにさまざまなパートナーによって行われる特定の約束と定義され，利害関係者間の協調・連携を重視するものであった．CSDによって登録システムが立ち上げられたが，2010年の時点で348のパートナーシップ活動が登録されていたものの，198のみがその当時活動していた．UNCSDにおいては，利害関係者間の協調・連携の成果を重視するものとなり，持続可能な開発のための登録システムが，国連持続可能な開発知識プラットフォームのなかに立ち上げられた．2013年7月時点

で，1,382の活動が登録されており，教育関係が328，グリーン経済関係が304，健康と人口関係が154，エネルギー関係が140などとなっている(UNDESA, 2013)。

特に教育については，「高等教育機関の持続可能性イニシアティブ」が，UNCSDの機会に国連本部のリオ＋20上級コーディネーター，UNDP，UNESCOおよび国連大学などの国連パートナーによって開始され，高等教育機関の持続可能な実践に関する約束が署名のために公開された。これは，①持続可能な開発の概念の教育を行うこと。すなわちすべての専攻で，持続可能な開発をコアカリキュラムの一部とすること，②持続可能な開発に関する調査・研究を促進すること，③エコロジカル・フットプリントの減少，持続可能なライフスタイルの推進などのキャンパスのグリーン化を進めること，④地域コミュニティの持続可能性への取り組みへの支援を行うこと，⑤持続可能な開発のための教育の10年など国際的な活動に参加し，結果を共有することという5項目の宣言に賛同し，実施するという内容である(UNCSD, 2012)。2013年6月現在で北海道大学を含めて47か国272の機関が約束をしており，今後，活動状況の報告，情報交換を通じて協力が強化され，2014年11月に名古屋で開催されるUNESCOのESD世界会議で新たなゴールを設定することが期待される。

さて，UNCSDの機会に，日本は環境パートナーシップを「東日本大震災の経験を持続可能な社会づくりに活かす」というテーマでサイドイベントで紹介した。復興に当たってパートナーシップにより個々の知恵や能力を最大限に引き出し，地域のレジリエンス(回復力)を強化しながら，グリーンエコノミーを推進する事例として，気仙沼市の牡蠣養殖業に対し，パートナーが牡蠣やホタテを前払いで購入し養殖場の復興に必要な資金や労力を提供して支援する「復興オーナーズ＆サポーターズプロジェクト」などが紹介された(GEOC, 2012)。

(6)日本の貢献

UNCSDにおいて，日本は「緑の未来」イニシアティブを表目し，①環境配慮型都市(スマートコミュニティ)の途上国での展開の支援などの「環境未

来都市」の世界への普及，②人材育成のための緑の協力隊の設置や，気候変動分野での3年間で30億ドルの途上国支援を行うなどの世界のグリーン経済移行への貢献，③途上国における総合的な災害対策支援のための強靱な社会づくりの3つの柱を提示した（外務省，2012c）。

また，環境・省エネ技術，自然資本の持続的利用による農林漁業などを紹介することを目的として政府・民間企業などが協力して展示やセミナーを開催した。これらのフォローアップとして2012年7月には「世界防災会議in東北」を東北3県（岩手県，宮城県，福島県）で開催した。

(7) UNCSDの評価

バンキムン国連事務総長は，「UNCSDの成果は社会上，経済上そして環境上の福利（満足できる状態）に関する確固たる基礎を与えた。（中略）その上に持続可能な社会をつくり上げるのは今や我々の責任である」と述べ，また，ジルマ・ルセフ　ブラジル大統領は，「我々の望む未来」とともに国々は前進すると述べて，UNCSDが国際社会が今後持続可能な世界をつくっていく上での基礎を与えたとして評価している。

日本の外務省も，グリーン経済に向けた取り組みの推進，防災や未来型のまちづくりなど，今後の国際的取り組みを進展させる上で，重要な成果を挙げた，特に，国際社会全体としてグリーン経済に取り組んでいくことについての前向きなメッセージの提示，SDGsの検討開始の合意など，将来の開発のあり方に筋道をつけることができたことを評価している。

しかし，UNCSDでは当初期待されていたような，各国の首脳級の政策決定者による地球規模の環境・開発の現状と課題をレビューし，政治的な意思と勢いを結集する場とするという期待には応えられなかった。また，以前のリオサミットでもたらされたような環境条約とその下での国際交渉体制の確立，リオ宣言やアジェンダ21による地球環境問題対応のための明確な原理や計画の提示もなく，21世紀における貧困撲滅と持続可能な開発の達成のための方針と国際制度づくりという目的は残念ながら達成できなかったといえよう。しかし，上述のようにグリーン経済の国際社会での認知，持続可能な開発への国際枠組みの進展などが合意され，具体的な内容の交渉，合意

は今後の国連総会などでの議論に先送りされたものの最低限の方向性は合意することができた。今後は，国連総会などにおけるフォローアップを如何に行っていくのか，特に，従来の先進国と途上国の対立，それを背景にした全会一致による妥協案の採択という図式から，各国の自主的なコミットメントや有志国のグループによる革新的な取り組みによるブレークスルーが期待される。また，パートナーシップや自主的コミットメントによる企業，市民やNGOなどの役割もいっそう重要になると考えられる。

(8) UNCSD のフォローアップ

第67回国連総会では，「我々の望む未来」で採択された多くの決定のフォローアップが行われている。

グリーンエコノミーの促進については，まず政策，優良実践例などに関する情報の提供は，UNEPが世界銀行やOECDと協力して，グリーン成長知識プラットフォームを立ち上げるなどの活動が行われているものの(OECD, 2012b)，国連全体としての新たなイニシアティブは行われていない。GDPを補足する指標の開発についても，国連統計委員会による従来からの環境―経済勘定，環境統計という議題の下で引き続き検討が行われている状況である。

一方，制度的な枠組みについては，現在のCSDを廃止し，新たに国連総会の下に元首級をメンバーとするハイレベル政治フォーラム(HPF)を設立することが決定され，第1回を2013年9月に第68回国連総会の際に開催することとなった。同フォーラムは4年に1回開催されるが，下部組織としてECOSOCに閣僚級会合を設置して毎年開催し，2016年からは，MDGs以降の持続可能性についての取り組みを毎年レビューすることとなった。ECOSOCの強化については，現在進行中のレビュー結果を待って引き続き検討が進められることとなった。UNEPの強化については，2013年2月の第27回管理理事会から，従来の58理事国の限定参加ではなく，全国連加盟国の参加が可能となり(ユニバーサルメンバーシップ)，実際に147か国が参加して開催された。同理事会を国連環境総会という名称に変更することを国連総会に対し提案するほか，UNEPの透明性や市民社会の関与を推進する新た

なメカニズムを検討することが決定された。

また，SDGsについては，30か国によるオープンワーキンググループの設置が決定され，2014年2月までにSDGsの概念，貧困の撲滅などについての検討結果を第68回国連総会に報告する予定である。また，2013年7月には国連事務総長報告「全ての人の尊厳ある生」(UNGA, 2013)がまとめられた。そして第70回国連総会(2015年)において，2015年以降の国連全体としての開発の課題(ポスト2015開発アジェンダ)の一環としてSDGsが合意される予定である。そのほか，持続可能な開発のための効率的な資金戦略については，政府間プロセスを速やかに立ち上げ，報告書を作成，また，環境上適正な技術(EST)の開発，移転，普及の促進のメカニズムについては，ワークショップを開催して途上国のニーズなどについて検討し，これらの結果を踏まえて総会で議論することとなった。

2013年9月に第1回が開催された持続可能な開発に関するハイレベル政治フォーラムが，これらの動きを踏まえて今後のUNCSDのフォローアップを行う大きな役割が期待されており，政治的なリーダーシップの下でどれだけ実効性のある検討結果が得られるか注目される。

5. 持続可能な社会を目指して

将来の地球環境が危惧されるなかで，持続可能な開発に向けて国際社会の取り組みが行われていることをここまで見てきたが，本項では2050年に向けた予測の例を紹介し，併せて日本，北海道という視点での持続可能な社会に向けての課題を考える。

5.1 持続可能性に関する将来の予測

安井ら(安井, 2012)は，2100年までの地球の状況について，人類の持続可能性にとってどのような危機的な事態が起こるか，またその対策は可能かを検討した。すなわち人口と食料生産，気候変動，資源枯渇，環境汚染，生態系破壊，対策費用の不足などによって，農地の喪失，内乱など社会的な不安定の増大，工業生産物の不足，経済状況の悪化がもたらされる可能性などに

ついて検討した。その結果，例えば，窒素の施用により食料の増産は可能であり人口増の抑制要因にはなりそうもない，しかし途上国のGDPの増大により出生率が低下し2100年に世界人口が約120億人になるような事態は生じる可能性が低い。一方で，気候変動対策によって2100年までに気温上昇を産業革命前の2℃以内に抑えることは，すでに不可能であると考えられる。また，海面上昇については世界平均気温が2℃を超えるとグリーンランドでは極限点(ティッピング・ポイント)を超えて，すべての氷床が融解するおそれがあるが，これには数千年の時間がかかる。さらに4℃を超す上昇があると，生態系の絶滅リスクの増大，洪水による居住地への影響の増大などが想定される。

資源については，2050年までに，ほぼすべての金属資源の累積採掘量が，現時点で確認されている鉱物資源の総量(埋蔵量ベース)を超し，不安定な供給状態に陥る。また，肥料として重要なリンは，現在の年間産出量でいくと約120年で枯渇することになる。化石燃料については，重質油やシェールガスを含めて，当初予想されていたよりはるかに多くの資源が存在しており，数百年は枯渇しそうもない。生態系のサービスについては，漁獲量，遺伝子資源などは過去50年で確実に低下してきている。

このような検討の結果，地球の状態は何も問題がないという状態からは程遠いものの，明日にでも地球全体がたちまち破綻するというものではなく，人類がどう行動するか対応策を考えておくことによって，破綻の可能性を避ける解決の道はあるとしている。

具体的な解決方策として，①化石エネルギーの限界を打ち破るエネルギー革命，②鉱物・金属資源の限界を打ち破る元素革命，③種の絶滅による破たんを回避する生物多様性革命というイノベーションを起こすことを提案している。これによって①2100年に人類が排出するGHGsはゼロになっており，大気中の二酸化炭素濃度が減り始める，②2050年までに鉄を除いて廃棄物から製品への100％のリサイクルが実現しており，2100年までには，ほぼすべての材料の機能が，地上ならびに地殻中に大量に存在している元素だけで発現できるようになっている，③2100年に種が絶滅する速度が，20世紀末の5分の1になっているなどの目標を掲げている。これらを達成するために

は，それぞれ排出量取引や環境税のような GHGs を削減するインセンティブを持った社会システムの確立(なお，集めた税などは現行の ODA に上積みして途上国の自然エネルギー導入を支援するような仕組みとする)，代替元素の使用を促進する技術開発の推進，および生物多様性についての企業の社会的責任の徹底と市民の普及・啓発を提案している。これらの基礎となるのが，互恵的利他性と未来志向であるとしている。つまり，近視眼的に利益を追求するのではなく，即座の見返りはなくとも 20 年，50 年といった長期的な視点に立って現時点で利他的な行為を行うこと，また，そのためには望ましい未来を考え実現していくための計画性と努力が必要であるとしている。

　一方 1972 年に刊行された「成長の限界」の著者の一人であるランダースは，最近の著書『2052 年―今後 40 年のグローバル予測』で，再度の検討を行っている(ランダース, 2013)。「成長の限界」では，「今後，大きな変化がなければ，やがて人類は地球の物理的限界を超え，危機を迎える」というメッセージを示したもので，いわゆるオーバーシュート(需要超過)に陥り，その後は「管理された衰退」に向かうか，「崩壊」するかのどちらかの道を通るしか再度持続可能な世界に戻ることはできないとしている。40 年前のこの予想が 40 年後の 2052 年にどう変わるかランダースは，現在，未来の人口と出生率など既存のデータや予測値を用い，地球システムの状況を示すダイナミック・スプレッドシートとコンピューターモデルに基づいて，2052 年までの状況の予測を行った(図3)。その結果，①人口は 2040 年に約 81 億人でピークを迎えその後 2050 年までに 1％減少，2075 年には現在のレベル(約 70 億人)に戻る，②エネルギー使用量は，2042 年にピークを迎え，2052 年には現在の約 1.5 倍となる，③それにともなう二酸化炭素の排出量は，再生可能エネルギーが全体の 37％を占めるようになるものの，2030 年にピークを迎え，2052 年には 1990 年比の 40％増となる，平均気温は工業化以前より 2℃高くなり，さらに上昇を続けることが予測された。また，④GDP は，現在の約 2 倍，1 人当たり消費は 1.7 倍となる。さらに，⑤年間食料生産量は現在の 50％増となり，1 人当たり穀物消費量も 27％増となるとした。このように平均としては，世界の状況は 2052 年までに比較的順調に推移していくと予想されるが，21 世紀後半には気候変動の影響の深刻化と気候災害が激

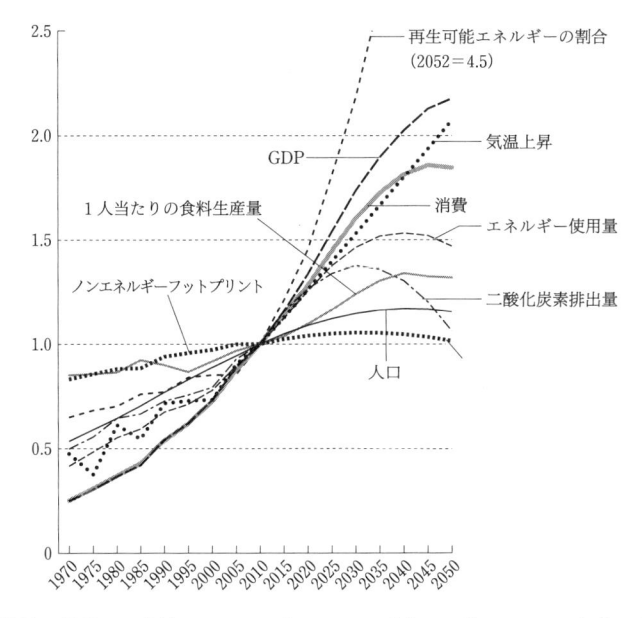

図3 世界の情勢の予測(1970～2050年，2010＝1)(ランダース，HPを基に作成)。
尺度：人口(0-90億人)，GDPと消費(0-150兆ドル/年)，CO_2排出量(0-500億トン/年)，温度上昇(0-2.5度)

甚化するものと想定される。また，すべての国の生活水準を現在の先進国レベルに引き上げるのは物理的に不可能であると考えられ，先進国でも米国のGDPは高水準であるが横ばい，米国以外のOECD諸国はそれより多少低いレベルで横ばいとなるのに対し，中国は21世紀半ばまでにそのほかのOECD諸国に追いつく，総計レベルでは中国のGDPは米国を含めたOECD33か国の合計と同規模になると想定された。一方，ブラジル，ロシア，インドなど新興10か国はゆっくりとしたペースでGDPが増大する，そのほかの国々は，労働人口の伸びに対応して，GDPは年3%以上成長すると予測される。これらの予測は，基本的には，2004年に公表された「人類の選択」のワールド3モデルによる持続可能な未来のシナリオによる予測と同様の結論となった。

対策としては世界全体のGDPの1～6%を計画的に投資すれば，GHGsの排出削減など問題の大半を解決できると予測された。しかしながら，ラン

ダースは気候変動に備えて資金と人的資源を事前に投入する可能性について，現在の民主主義，資本主義が短期的な視点であるため困難であるとしている。結局，2052年においても約30億人が食料，住居の不足に苦しみ，不健康で危険な生活を送っており，先進国に暮らす約10億人もこれから40年間は実質賃金が増加しないという，2052年まで，そしてその先についても非常に暗い予測となっている。そしてこれに対応して貧困国の長期的経済成長を促すための，政治的安定および教育，特に女性の教育が重要であり，また気候変動対策のためには経済を気候にやさしいものに変えていくことと，そのための政府の役割が重要であるとしている。

以上のふたつの予測では，人口や経済成長，GHGsの排出量など，前述のUNEPやOECDの予測と比較して控えめの推定を採用しているものの，安井の場合は楽観的，ランダースの場合はきわめて悲観的に見える。しかし，例えば気候変動の影響について2℃以内の気温上昇に抑えるという目標はどちらも達成が不可能であるとしているなど実は同様の予測結果となっており，今後の人類が持続可能な開発に向けて社会経済システムを変えていけるかどうかに地球の将来はかかっているという評価も同様であると考えらえる。結局両者の違いは，イノベーションや互恵的利他性という前向きの対応を強調するか，現在の民主主義，市場経済の近視眼的対応の変更の困難性を重く見るかという違いによると考えられる。

5.2 北海道の持続可能な未来への対応

それでは，日本，特に北海道として，どのように持続可能な社会をつくっていくべきであろうか。国のレベルでは前述のように，21世紀環境立国構想や第4次環境基本計画で持続可能な社会への模索が行われているところであるが，北海道で考えた場合，大きな課題となるのは，まず，人口減少，高齢化・過疎化への対応であり，そして，気候変動の影響と原発問題を含むエネルギー源の選択，そして環太平洋パートナーシップ(TPP)協定に代表されるようなグローバル化であろう。

2013年3月に公表された日本の地域別将来推計人口によると，2040年の日本の将来人口は，1億730万人と2010年の83.8％，北海道は419万人と

23.9%減となる．この結果，全道179の市町村のうち，人口5,000人未満のものは，66から109と1.7倍となる．また青少年人口(14歳未満)は2010年の53.8%とほぼ半減，65歳以上人口は25.5%増加する．札幌市でも15～64歳の勤労者人口は，現在の130万人から89万人へと3割以上減少することが予想されている(国立社会保障・人口問題研究所，2013)．

一方気候変動について見ると，北海道の3地点(網走，根室，寿都)の平均気温は，この100年間でおおよそ0.9°C上昇しており，特に1990年ごろから急速に上昇している(気象庁，2010)．今後は，東北地方から北の北日本の太平洋側および日本海側では1980～1990年に比べて2076～2095年にはIPCCのA1Bシナリオ(高度経済成長，新技術の導入及びエネルギー源バランスの重視)によると3～3.5°C上昇し(図4)，日最低気温が0°C未満となる冬日は37～39日程度減少する，降水量は90～140 mm程度増加する，降雪量は70 cm程度減少すると予測されている．これにともなって，水稲収量の増加，リンゴ栽培の適地が全道に拡大するなどの農業への影響や，局所的な豪雨の発生頻度が

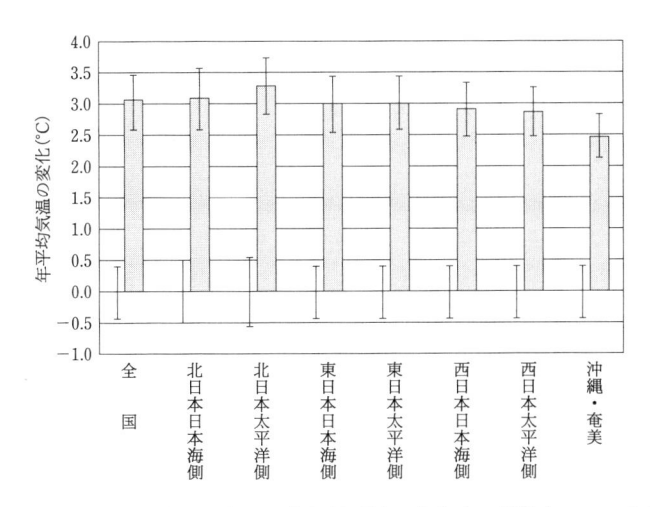

図4 日本の地域別の年平均気温の変化(文科省・気象庁・環境省，2012より)。非静力学地域気候モデル(NHRCM，解像度5 km)による地域別の年平均気温の変化予測．棒グラフは1980～1999年平均と2076～2095年の差を表し，縦棒は年々変動の標準偏差(左：1980～1999年，右：2076～2095年)を示す．A1Bシナリオによる予測結果に基づく．

増加する，サンマ漁場が日本近海からなくなる，山岳地帯の高山植物が減少する，海面上昇にともなう自然海岸の喪失などが予想されている(文科省ほか，2012)。

近年，グローバル化によって，食料，燃料，鉱物資源や工業製品の途上国から先進国への貿易量が増加している。これによって，例えば，汚染物質を大量に発生する産業が，先進国から途上国に移動して，そこで緩い基準の下で生産活動を行うことにより，途上国での汚染を増大することが危惧されている。しかし，北海道の場合は，むしろ，負の影響の例としてTPP協定による北海道への影響試算(北海道，2012)によると，米作，酪農などへの影響は2兆円を超え，17万人以上の雇用の喪失，3万戸以上の農家戸数が減少するとしており，地場産業への影響が大きいと想定される。これらは，輸入食料品の価格低下，地場産業製品の輸出の促進やアジアからの観光客の増加など期待される正の効果を上回ると考えられている。

これらに対応して，地域からの持続可能な社会をつくり上げていくためには，地域自給プラス再配分モデルというアプローチ(広井，2009)が有用であると考えられる。これは，グローバル市場の実現による経済成長という現在のパラダイムを改めて，市場―政府―コミュニティという3者のバランスによる持続可能な福祉社会(定常型社会)の実現を目指して，まずコミュニティを中心としたローカルなレベルから出発し，その上に政府が主役となるナショナルレベルでの，そして市場に基づくグローバルといったレベルでの政策やガバナンス構造を積み上げていくというものである。各地域におけるコミュニティの固有の特徴を重視するとともに，現代の社会において余暇やレクリエーション，介護や生涯教育などのコミュニティや自然などに関わる欲求や市場経済を超える活動が重視されるようになってきたことに，これは対応している。具体的には，物質的生産，特に食料生産や介護，自然エネルギーはできる限りローカルな地域単位で自給自足を行い，工業製品やエネルギー一般についてはより広範囲のナショナルな単位で，情報についてはさらに広くグローバルな単位で行うという基本的な考え方である。これを実施していくためには，地域の個人，地方自治体，コミュニティなどの関係者が連携していくことが不可欠である。なお，この再分配モデルでは，都市と農村

間，勤労者と退職者間，勤労者間などの格差は，政府が社会保障，税制政策を通じて所得の再分配を行い解消していくことになる。

　北海道についてこのような見方をすると，地域の地場産業や自然の持続可能な利用を通じた地域コミュニティの活性化，風力，太陽光，地熱，バイオマスなど再生可能エネルギーの賦存量の地域での利活用，国レベルも含めた原子力の利用の可否を含むエネルギー源の再検討，グローバル化に対応した政府による富の再分配などが重要になってくる。

　北海道でのさまざまなステークホルダーによる活動を見てみると，行政では，北海道による環境基本計画や北海道低炭素未来ビジョンの策定，札幌市の環境基本計画と札幌市まちづくり戦略ビジョン，帯広市の環境都市，下川町の環境未来都市しもかわなどの先進的な取り組みがある。また，企業としては，北海道商工会議所連合会の ECO 宣言行動があり，NGO による取り組みとして，市民風車やバイオエネルギーの導入や再生可能エネルギー100％へのロードマップづくり，北海道大学のサステイナブルキャンパスへの取り組みもある。

　これらの取り組みをモデルとして，北海道での地域自給型の持続可能な社会の達成に向けて，政府を含むステークホルダー間のより密接な連携による地域に根づいた活動を実施していくことが必要であり，この際，UNCSD で議論されたようなグリーン経済の視点やパートナーシップによる実施が重要と考えられる。

6. まとめ

　1972 年のストックホルム会議から 40 年が過ぎた今日，地球環境を保全し，持続可能な社会をつくっていくことは，ますます喫緊の課題となっている。国際社会がこれに対応するために 2012 年に開催した UNCSD は，環境と経済を両立させるグリーン経済への移行，国際的な制度的枠組みの強化をテーマとし，今までの取り組みを踏まえて今後の方向を合意，取り組みを強化する重要な機会であった。しかし，地球環境問題に対する責任や負担の公平性をめぐって途上国と先進国の対立があり，これらへの対応を進めるという方

向性では概ね一致したものの具体的な国際合意はほとんどできず，引き続き国連総会などの場で検討が行われることとなった。今後，そのフォローアップが重要となっている。

一方で，今後の地球環境については，現在の社会経済システムを長期的視点にたった互恵的利他性やイノベーション志向の持続可能なものに変えていかない限り，21世紀中ごろ以降はその悪化が深刻化するものと考えられる。

日本は先進諸国のなかでも最も早く人口減少社会に移行した国であり，持続可能な福祉社会づくりのモデルを世界に提示することが期待されている。なかでも北海道では少子・高齢化が進む一方で，豊かな資源や再生可能エネルギーのポテンシャルが存在し，地域からの持続可能な社会づくりが可能であり，その実現が急務となっている。そのための先進的な取り組みが各地で見られるが，これらを発展させ北海道レベル，全国レベルに広めていくためには，UNCSD で取り組まれたようなグリーン経済の視点，関係者の参加，協働，パートナーシップが重要と考えられる。過去には，1992年のUNCED を受けた自治体によるローカルアジェンダ21の作成，2002年のWSSD を受けた EPO 北海道の設立などパートナーシップの推進などの影響を受けてきたが，今後は，グリーン経済などを活用し地域に根ざした成功例を北海道から発信することが期待されている。

[引用・参考文献]
地球環境研究会. 2008. 地球環境キーワード事典. 159pp. 中央法規出版.
地球の持続可能性に関するハイレベル・パネル. 2012. 強靭な人々，強靭な地球：選択の価値のある未来.
　　http://www.mofa.go.jp/mofaj/gaiko/kankyo/rio_p20/gsp.html
エネルギージャーナル社. 2003. ヨハネスブルグ・サミットからの発信. 320pp. エネルギージャーナル社.
外務省. 2012a. 2012年版　政府開発援助(ODA)白書　日本の国際協力.
　　http://www.mofa.go.jp/mofaj/gaiko/oda/shiryo/hakusyo/12_hakusho_pdf/pdfs/12_all.pd
外務省. 2012b. リオ+20の現状.
　　http://www.mofa.go.jp/mofaj/gaiko/kankyo/rio_p20/pdfs/rio20_genjyou.pdf
外務省 2012c. 緑の未来イニシアティブ.
　　http://www.mofa.go.jp/mofaj/gaiko/kankyo/rio_p20/pdfs/midori.pdf
広井良典. 2009. グローバル定常型社会. 222pp. 岩波書店.
北海道. 2012. TPP による北海道への影響試算.

http://www.pref.hokkaido.lg.jp/ns/nsi/seisakug/koushou/tppsisan.htm
海外環境協力センター. 1993. アジェンダ 21　持続可能な開発のための人類の行動計画. 461pp. エネルギージャーナル社.
環境省. 2012a. 環境白書平成 24 年版.
http://www.env.go.jp/policy/hakusyo/h24/index.html
環境省. 2012b. 環境基本計画.
http://www.env.go.jp/policy/kihon_keikaku/plan/plan_4/attach/ca_app.pdf
環境省. 2012c. 我々が望む未来（環境省仮訳）.
http://www.mri.co.jp/SERVICE/rio20/rio20_seika_yaku.pdf
環境省. 2012d.「グリーン成長の実現」と「再生可能エネルギーの飛躍的導入」に向けたイニシアティブ.
http://www.env.go.jp/annai/kaiken/h24/s0831_a.pdf
気象庁札幌管区気象台. 2010. 北海道の気候変化.
http://www.jma-net.go.jp/sapporo/kikohenka/kikohenka.html
国連開発計画. 2013. 人間開発報告書　2013.
http://www.undp.or.jp/hdr/global/2013/index.shtml
「国連持続可能な開発のための教育の 10 年」関係省庁連絡会議（編）. 2011. 我が国における「国連持続可能な開発のための教育の 10 年」実施計画（H 23 改訂）.
国連総会文書. 1987. Report of the World Commission on Environment and Development: Our Common Future. UNGA A/42/427 Annex.
http://www.un-documents.net/ocf-cf.htm
国立社会保障・人口問題研究所. 2013. 日本の地域別将来推計人口（平成 25 年 3 月推計）.
http://www.ipss.go.jp/pp-shicyoson/j/shicyoson13/t-page.asp
文科省・気象庁・環境省. 2012. 気候変動の観測・予測及び影響評価統合レポート.「日本の気候変動とその影響」(2012 年度版).
http://www.env.go.jp/earth/ondanka/rep130412/report_full.pdf
日本国政府. 2011. 国連持続可能な開発会議（リオ＋20）成果文書へのインプット.
http://www.mofa.go.jp/mofaj/press/release/23/10/1031_05_02.pdf
大来佐武郎（監修）. 1987. 地球の未来を守るために. 440pp. ベネッセコーポレーション.
ランダース，ヨルゲン. 2013. 2050――今後 40 年のグローバル予測. 512pp. 日経 BP 社.
ランダース，ヨルゲン HP. http://www.2052.info/data/
リオ＋20 国内準備委員会. 2011. 持続可能な開発の推進に向けた日本のステークホルダーからの提案.
http://www.mri.co.jp/SERVICE/thinktank/kankyou/2030913_1458.html
安井至・21 世紀版〝成長の限界〟検討会. 2012. 地球の破綻――21 世紀版成長の限界. 350pp. 日本規格協会.
吉田文和・荒井眞一・深見正仁・藤井賢彦（編著）. 2012. 持続可能な未来のために――原子力政策から環境教育，アイヌ文化まで. 328pp. 北海道大学出版会.
GEOC. 2012. より良いパートナーシップの構築を目指して.「東日本大震災の経験を持続可能な社会づくりに活かす」. 日本からの提案.
http://www.geoc.jp/blog/wp-content/uploads/2012/07/Message4Rio＋20Jp2.pdf
G 20 ソウルサミット. 2010.
http://www.mofa.go.jp/mofaj/gaiko/g20/seoul2010/document.html
OECD. 2009. グリーン成長に関する閣僚宣言.
http://www.mofa.go.jp/mofaj/gaiko/oecd/09_sg.html

OECD. 2011. Towards Green Growth.
　http://www.oecd.org/greengrowth/towardsgreengrowth.htm
OECD, 2012a OECD Environmental Outlook 2050.
　http://www.oecd.org/environment/indicators-modelling-outlooks/oecdenvironmentaloutlookto2050theconsequencesofinaction.htm
OECD. 2012b. Green Growth Knowledge Platform.
　http://www.oecd.org/greengrowth/greengrowthknowledgeplatform.htm
UNCSD. 2012. Higher Education Sustainability Initiative for Rio+20.
　http://www.uncsd2012.org/index.php?page=view&nr=341&type=12&menu=35
UNDESA. 2013. Voluntary Commitments and Partnerships for Sustainable Development - a special edition of the SD in Action Newsletter, Issue1. July 2013.
　http://sustainabledevelopment.un.org/index.php?menu=1645
UNEP. 2011. Towards a Green Economy: Pathways to Sustainable Development and Poverty Eradication.
　http://www.unep.org/greeneconomy/GreenEconomyReport/tabid/29846/language/en-US/Default.aspx
UNEP. 2012. Global Environment Outlook 5.
　http://www.unep.org/geo/geo5.asp
UNESCAP. 2012. Low Carbon Green Growth Road Map for Asia and the Pacific.
　http://www.unescap.org/esd/environment/lcgg/
UNGA.2013. A life of dignity for all. A/68/202
　http://www.un.org/millenniumgoals/pdf/A%20Life%2005%20Dignity%20for%20ALL.pdf
WWFジャパン. 2012. 生きている地球レポート 2012.
　http://www.wwf.or.jp/activities/lib/lpr/WWF_LPRsm_2012j.pdf

第2章 わが国の温室効果ガス排出削減目標の考え方

佐野郁夫

　再生可能エネルギーの導入をはじめとする，低炭素社会の構築に向けた取り組みを考えるに当たっては，わが国は，あるいは世界は，温室効果ガスの排出をいつまでに，どれだけ削減するのかという目標はどうなっているのか，どうするのかということが前提となる。

　これらは地球温暖化を考える上で基本的な事項であるが，本章では，世界および日本の温室効果ガスの排出削減の目標をめぐる議論について，

　第一に，これまで明らかになった地球温暖化に関する科学に照らして，世界は温室効果ガスをどこまで削減する必要があるのか，

　第二に，温室効果ガスの排出削減の目標に関する世界の交渉はどうなっているのか，

　第三に，わが国の目標はどうなっているのか，

の3つに分けて，なるべくわかりやすく簡単に紹介するとともに，東日本大震災後のわが国の目標と対策を考える上でポイントとなる点について考察する。

1. 世界の温室効果ガスの削減目標の考え方

1.1　温暖化の影響の将来予測

　地球温暖化のメカニズム，影響やその将来予測に関しては，IPCC(気候変

動に関する政府間パネル）という，世界の科学者が参加した組織により，世界の知見の取りまとめが行われている。現時点では，2007年11月に取りまとめられたIPCC第4次評価報告書が最新の報告書であり，2014年には，IPCC第5次評価報告書が取りまとめられる見込みとなっている。

この報告書では，将来の地球温暖化による影響について，大陸ごとに詳細な予測が示されているが，地球全体についてまとめたものとしては，2007年4月に公表された第2作業部会(影響・適応・脆弱性について担当)報告のなかで，次のように述べられている。

> 「世界平均気温の上昇が1990年レベルと比べて1〜3℃未満である場合，いくつかの影響はある場所や分野に便益をもたらすが，他の場所や分野にはコストをもたらすと予測される。しかしながら，一部の低緯度域及び極域は，気温の上昇がわずかであっても，正味のコストを被ると予測される。気温の上昇が約2〜3℃以上である場合には，すべての地域が正味の便益の減少，若しくは正味のコストの増加のいずれかを被る可能性が非常に高い。」(IPCC第4次評価報告書第2作業部会報告書 政策決定者向け要約 環境省確定訳 2007b, p.11)

すなわち，もし世界平均での温暖化が1〜3℃未満に止まれば，地域によって，例えば高緯度の地域では暖かくなって収穫が上がるといったメリットをもたらすが，気温の上昇が約2〜3℃以上である場合には，地球上のすべての地域で，例えば農作物の収穫が減る，といった便益の減少か，洪水や病気に対応するための費用が増加するといった悪影響が生じるとの結論が示されている(この場合の気温の上昇とは，1980〜1999年の平均との差を指している)。

したがって，現在の地球温暖化の科学からみれば，「温暖化を2〜3℃未満に食い止める」ことがひとつの目安となっている。

1.2 温室効果ガス濃度の目標の考え方

それでは，世界平均での気温上昇を2〜3℃未満に食い止めるためには，温室効果ガスの濃度はどのくらいにしなければならないのか？　この点についても，IPCC第4次評価報告書で述べられている。

図1は，今後の世界の温室効果ガスの排出量がどのような経過をたどった

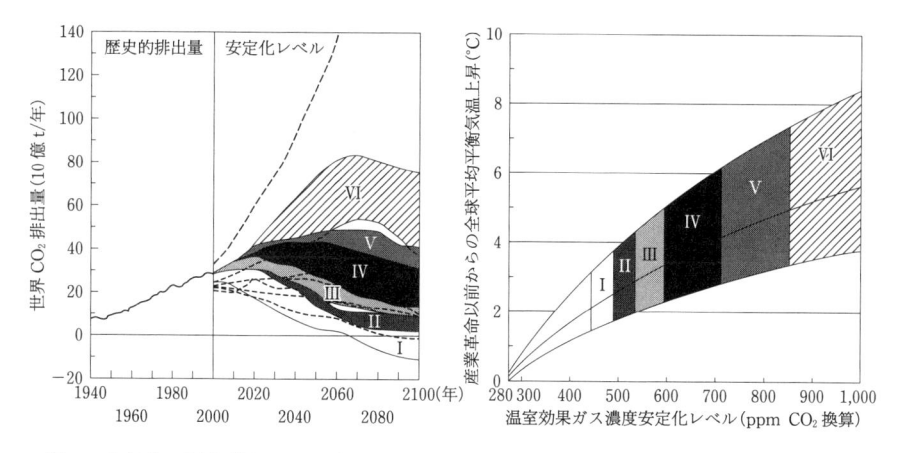

第2章　わが国の温室効果ガス排出削減目標の考え方　37

図1　大気中の温室効果ガスの安定化レベルの範囲における CO_2 排出量と平衡気温の上昇量（IPCC, 2007a より）。
Ⅵ：855-1130 ppm CO_2 換算　　Ⅴ：710-855 ppm CO_2 換算　　Ⅳ：590-710 ppm CO_2 換算
Ⅲ：535-590 ppm CO_2 換算　　Ⅱ：490-535 ppm CO_2 換算　　Ⅰ：445-490 ppm CO_2 換算
点線：2000年以後に発表された分析によるシナリオの幅

場合，温室効果ガスの濃度が安定化（これ以上増えなくなる）する濃度と，その場合の気温の上昇がどのくらいになるかという予測を示したものである。いずれの場合でも，いろいろな機関の多数の予測によって幅がかなりあり，その結果もかなりの幅を持って示されている。

　左側の図に示すように，世界の温室効果ガスの排出量をどのように減らしていくのかについては，いろいろな道筋が考えられる。今すぐにでも大幅に減らす，といった道から，今しばらくの間排出量が増えるのは仕方がないので，将来頑張って減らす，という道筋も考えられる。

　（これは子供の夏休み宿題帳に例えることができる。夏休みの最初から取り掛かれば1日1ページやればよいが，最初の半分は遊んで，後半で1日2ページやる方法もあるし，最後の10日で何ページかずつやる計画も立てることはできるが，先送りすればするほど後で大変になる。

　ただし，子供の宿題帳と異なるのは，将来は技術が進歩しているだろうから，今から少しずつ削減するより，しばらく後になって技術が進歩してから一気に削減すればいいという考え方には一理ないことはない。しかし，そのためには，当面の削減目標が緩やかであ

ることを持って削減の努力をやめてしまうのではなく，技術開発などに力を注ぎ続けることが必須の条件となる。)

　また，いずれの予測にもかなりの幅，言い換えれば不確実性があるということもこの図は示している。すなわち，温室効果ガスを後になってから減らしても，予測の幅のなかで良い方に転べば，頑張って早期に減らした場合で予測幅のなかの悪い方に転んだ方より気温の上昇が少ないかもしれない。これが現在の科学の限界であり，今後の知見の充実により，この不確実性の幅が狭まっていくことが期待される。

　表1は，図1に示された予測の要点を数値で示したものである*。世界の平均気温の上昇を2～3℃未満に止める，という目標と，一方では世界の，特に新興国と呼ばれる国々での，エネルギー消費を増加させての経済成長は今しばらく続くであろうことを考え併せれば，概ね表1のカテゴリーIIとIIIの中間くらいの道筋を目指すのが現実的であろうと考えられる。この場合の，二酸化炭素排出がピークを迎える年，というのは2000～2020年くらいと幅があるが，2000年や2010年はすでに過ぎてしまったので2020年，このくらいまでは排出量が増えるのは仕方がないが，その辺を天井にして減らして

表1　大気中の温室効果ガス濃度安定化シナリオの特徴とそれにともなう長期的な世界平均平衡温度（IPCC, 2007a より）

カテゴリー	二酸化炭素安定化濃度 (ppm) (2005年＝379 ppm)	温室効果ガス安定化濃度（二酸化炭素換算）（エーロゾル含む）(ppm) (2005年＝375 ppm)	二酸化炭素排出がピークを迎える年（西暦）	2050年における二酸化炭素排出量の変化(%) (2000年比の%)	気候感度の"最良の推定値"を用いた平衡時の世界平均気温の工業化以降からの上昇(℃)	熱膨張のみに由来する平衡時の世界平均海面水位の工業化以降からの上昇(m)	評価されたシナリオの数
I	350～400	445～490	2000～2015	−85～−50	2.0～2.4	0.4～1.4	6
II	400～440	490～535	2000～2020	−60～−30	2.4～2.8	0.5～1.7	18
III	440～485	535～590	2010～2030	−30～＋5	2.8～3.2	0.6～1.9	21
IV	485～570	590～710	2020～2060	＋10～＋60	3.2～4.0	0.6～2.4	118
V	570～660	710～855	2050～2080	＋25～＋85	4.0～4.9	0.8～2.9	9
VI	660～790	855～1130	2060～2090	＋90～＋140	4.9～6.1	1.0～3.7	5

　＊原典では，シナリオの前提や意味について，いくつかの注釈が置かれているが，ここでは省略した。

いかなければならない．また，2050年の排出量を2000年との比で見るとこれも－60～－30％くらいと幅があるが，これも中間を取って－50％，すなわち2050年までに温室効果ガス排出量を半減，というのが，これまでに得られた科学的知見に基づく目標のひとつの目安，ということができる．

2. 温室効果ガスの排出削減に関する国際交渉

2.1 これまでの議論

よく知られているように，これまでの世界の温室効果ガス排出削減の枠組みを定めていたのが，1997年に京都で開催された第3回気候変動枠組条約締約国会議(COP3；以下単に「COP○」という)で合意された「京都議定書」である．京都議定書の削減目標は先進国(付属書Ⅰ国)全体で対1990年比で5％の削減というものであり，この水準では温暖化の進行を止めることはできないが，各国がともかくも環境のために経済活動に制約を課すことに合意したという点では，画期的な意義を有しているということができる．

京都議定書の第一約束期間(排出量の削減目標が定められている期間)は2012年までであり，これに向けて国際的な議論が行われてきた．2008年に北海道で開催されたG8洞爺湖サミット首脳宣言においては

「我々は，2050年までに世界全体の排出量の少なくとも50％の削減を達成する目標というビジョンを，気候変動枠組条約(UNFCCC)のすべての締約国と共有し，かつ，この目標をUNFCCCの下での交渉において，これら諸国と共に検討し，採択することを求める．」

との文章が盛り込まれた．この場合，先進国と途上国では同じ割合で削減，とはならず，1人当たりの排出量の多い先進国が多く負担するとすれば，先進国の削減割合はさらに大きくなる．翌年のG8ラクイラサミット首脳宣言では，

「世界全体の温室効果ガス排出量を2050年までに少なくとも50％削減するとの目標を再確認するとともに，この一部として，先進国全体として，1990年又はより最近の複数の年と比べて2050年までに80％またはそれ以上削減するとの目標を支持した．」

とされた。

　すなわち，前項で述べた，「2050年までに世界全体で半減，先進国は80％削減」との長期的な目標が主要国間で共有されるようになっている。

2.2　締約国会議における議論

　これに対し，「総論賛成・各論反対」という言葉があるように，具体的に，「どの国が，いつまでに，どれだけ削減するのか」に関する議論はなかなかまとまらないでいる。

　毎年行われる気候変動枠組条約締約国会議における議論は，いわば〝尺取虫〟のように，少しずつ前進した合意を重ねてきた。2009年にコペンハーゲンで開催されたCOP15では，

　①世界全体の気温の上昇が2度以内にとどまるべきであるとの科学的見解を認識し，長期の協力的行動を強化する。

　②附属書Ⅰ国(筆者注：先進国)は2020年の削減目標を，非附属書Ⅰ国(途上国)は削減行動を，(中略)2010年1月31日までに事務局に提出する。

　ことが合意された(コペンハーゲン合意)。

　また，各国が表明した目標がどれだけ実施されているかをどう検証するか，という点は，特にエネルギーに関する統計の整備などが十分でない途上国にとって大きな問題となるが，これも

　③附属書Ⅰ国の行動はMRV(測定/報告/検証)の対象となる。非附属書Ⅰ国(同：途上国)が自発的に行う削減行動は国内的なMRVを経た上で，国際的な協議・分析の対象となるが，支援を受けて行う削減行動については，国際的なMRVの対象となる。

ことが合意された。加えて，

　④先進国は，途上国に対する支援として，2010～2012年の間に300億ドルに近づく新規かつ追加的な資金の供与を共同で行うことにコミットし，また，2020年までには年間1,000億ドルの資金を共同で調達するとの目標にコミットする。

といったことが合意された。これを受けて，わが国は「すべての主要国による公平かつ実効性のある国際枠組みの構築及び意欲的な目標の合意を前提と

表2 気候変動枠組条約事務局に提出されたおもな2020年の削減目標・削減計画(環境省HPより)

(1)おもな先進国の削減目標

国・地域	基準となる年	削減率(%)
オーストラリア	2000	−5〜25
カナダ	2005	−17
EU	1990	−20〜30
日本	1990	−25
ロシア	1990	−15〜25
米国	2005	−17

(2)おもな新興・途上国の削減計画

国	削減内容
ブラジル	対策なしの想定排出量に比べ−38.9〜−36.1%
中国	GDP当たりの排出量を2005年比−45〜−40%
インド	GDP当たりの排出量を2005年比−25〜−20%
メキシコ	対策なしの想定排出量に比べ−30%
韓国	対策なしの想定排出量に比べ−30%
シンガポール	対策なしの想定排出量に比べ−16%
南アフリカ	対策なしの想定排出量に比べ−34%

する」との条件つきながら，2020年までに1990年比25%削減との目標を提出している。この合意に基づき各国が提出した目標は表2のようなものであり，米国が初めて削減目標を示し，中国やインドといった新興国も何らかの目標を明らかにしたことは大きな進歩であった。翌年のCOP16では，これをさらに具体的にした「カンクン合意」が行われている。

しかし，これらの目標では，仮に各国が条件つきで提出した目標をいずれも達成した場合でも，気温上昇を産業革命前に対し2°C以内の上昇に抑える，との目標の達成のためには，さらに約80億トンの削減が必要，との試算結果が国連環境計画(UNEP)より示されており，決して十分なものではない一方，さらなる削減をどの国が引き受けるのか，という問題が生じている(数十億トンの削減が不足，という状態を指して，「ギガトンギャップ」と呼ばれている。UNEP(2012)p.2)。

京都議定書の第一約束期間の終了を翌年に控え，いよいよ「待ったなし」となったCOP17(ダーバン，南アフリカ)でも依然として関係国間には深刻な対立が見られた。各国の主張の構造は概ね次のようなものである。

①中国をはじめとする新興国・途上国：地球温暖化は以前から大量の化石燃料を消費してきた先進国の責任であり，途上国は削減義務を負わない。先進国だけが削減義務を負う現行の京都議定書の枠組みを延長し，さらに削減を強化すべき。

②日本，ロシア，カナダなどヨーロッパ以外の先進国：京都議定書に代えて，米国，中国，インドなどすべての主要な排出国が参加する新しい議定書をつくるべき，米国も，新興国も同じ削減義務を負うなら，新しい

議定書に参加すると表明。
　③EU：すべての国が参加する新しい議定書が望ましいのは〝やまやま〟だが，それがまとまらなければ，現行の京都議定書を延長することもやむを得ない。米国や中国も加わった枠組みとしては，別の議定書を新しくつくろう。

　EUがこのような折衷的な姿勢に至ったのは，EU各国はすでに排出権取引の仕組みを実施しており，排出権市場ではその先物取引なども行われているため，仮に交渉がまとまらず，排出削減義務が何も存在しない状態が生じると，経済に大混乱が起こるのではないかとの懸念があったといわれている。
　この会議でも最終日までの必死の調整が行われ，「ダーバン合意」と呼ばれる合意に達した。その骨子は，以下のようなものである。
　①京都議定書は延長する。第二約束期間は2013〜2017年または2020年まで。削減目標やその他のルールは2012年までに議論。
　②すべての国が参加する新しい(法的)枠組みを2015年までに決定し，2020年から発効させる。そのための作業部会を2012年前半に設立する。
　③カンクン合意に基づく削減を実施する。
　④途上国の温暖化対策を支援する〝緑の基金〟を設立する。
　すなわち，「京都議定書を延長する」との途上国の主張と，「すべての主要な排出国が参加した新たな議定書を作成する」との先進国の主張について，いわば「痛み分け」の形で両方が認められた。そして新たな枠組みを認めるための条件として新しい枠組みの発効は2020年からとされたが，枠組みの法的位置づけはあいまいな余地が残されており，2020年までの間は現行の京都議定書の枠組みが続くことになった。しかし，日本，ロシアは新たな削減目標には不参加，カナダは京都議定書からの離脱を表明した。ただし，日本は「カンクン合意」に基づき表明した削減目標の達成のための努力は引き続き続けることとしている。
　その後2012年に開催されたCOP18(ドーハ，カタール)では，京都議定書の次の約束期間を2020年までとすること，2020年以降の新しい国際的枠組みに関しては，2015年5月までに交渉テキストを作成し，同年のCOP21(フランス)での採択を目指すことなどが合意され，次の枠組みに向けた道筋がつ

くられている。

3. わが国の削減目標をめぐる議論

3.1 東日本大震災まで

このような地球温暖化に関する科学と世界の動きを踏まえて，わが国も目標と対策はどうあるべきであろうか。

2008～2012年の京都議定書の第一約束期間におけるわが国の目標は，「1990年比−6％(6％削減)」であった。これを達成するために，政府では，「地球温暖化対策の推進に関する法律」に基づき，「京都議定書目標達成計画」を策定して，温室効果ガスの排出量を基準年比で−1.8～−0.8％削減するとともに，森林による二酸化炭素の吸収と，京都メカニズム(海外からの排出枠の購入)を合わせて，6％の削減目標を達成する計画とし，そのための対策を講じてきた。

2008年までのわが国の排出量はこの目標を大きく上回っており，目標の達成が危ぶまれていたが，2008年のいわゆるリーマン・ショックによる経済活動の落ち込みの影響もあって，2008～2009年のわが国の温室効果ガスの排出量は大きく減少し，その後の経済活動の回復と，東日本大震災とその後の原子力発電所の停止，火力発電所の稼働増による排出量増加を見込んでも，森林による吸収量の見込みおよびこれまでに海外から取得した排出権を加味すれば，2013年11月に公表された2012年度の温室効果ガス排出量の速報値によれば，京都議定書の目標は達成したものと見込まれている(図2)(2012年度(平成24年度)の温室効果ガス排出量〈速報値〉概要 p.2 環境省，2013)。

2012年以降の目標については，2009年9月，当時の鳩山内閣は，「わが国は，1990年比で，2020年までに25％の温室効果ガスの排出削減を目指すとの中期目標を，すべての主要国による公平かつ実効性ある国際的枠組みの構築と意欲的な目標の合意を前提として掲げるとともに，2050年までに80％の温室効果ガスの排出削減を目指すとの長期目標を掲げ，2050年までに世界全体の温室効果ガスの排出量を少なくとも半減するとの目標をすべての国と共有するよう努める」(平成23年版環境白書第1部第1章第2節；環境省，2011)こ

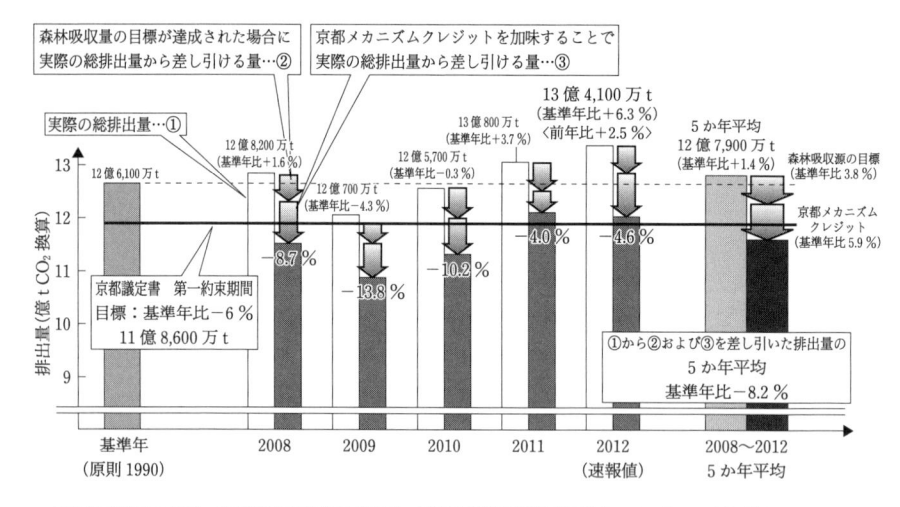

図2 わが国の温室効果ガスの排出量の推移(環境省,2013より)

*1 森林吸収量の目標　京都議定書目標達成計画に掲げる基準年総排出量比約3.8%(4,767万t/年)
*2 京都メカニズムクレジット
　政府取得：平成24年度までの京都メカニズムクレジット取得事業によるクレジットの総契約量(9,752.8万t)を5か年で割った値
*3 最終的な排出量・吸収量は，2014年に実施される国連気候変動枠組条約および京都議定書下での審査の結果を踏まえ確定する。また，京都メカニズムクレジットも，第一約束期間の調整期間終了後に確定する(2015年後半以降の見通し)。
　民間取得：電気事業連合会のクレジット量(「電気事業における環境行動計画(2009～2013年度版)」より)

とを表明した。これを2010年1月に，「コペンハーゲン合意」に基づく文書として気候変動枠組条約の事務局に対し提出している。

　これを達成するための基本的施策などを盛り込んだ「地球温暖化対策基本法案」を2010年3月に国会に提出した。この法案は同年6月に国会閉会によりいったん廃案となったが，同年10月に再提出され，これが継続審議とされているなかで，東日本大震災を迎えることとなった。

3.2　東日本大震災後の検討

　2011年3月11日に発生した東日本大震災は，わが国に甚大な被害をもたらした。特に，震災にともない東京電力福島第一原子力発電所(以下，「福島第一原発」という。)において発生した重大な事故によって，大量の放射性物質が環境中に放出されるに至った。

この事故により，「原子力発電所がシビアアクシデントの際にもたらす甚大な環境リスクの側面がクローズアップされ，放射性物質による環境汚染は最大の環境問題となることが明らかと」なった(平成24年版環境白書p.33；環境省，2012b)。このため，わが国の原子力発電所は一部を除きその大部分が停止することとなった。

　これに対し，2020年に25％削減への道筋を示すため，震災前の2010年3月に取りまとめられた「地球温暖化対策に係る中長期ロードマップ(環境大臣試案)」においては，原子力発電所の新増設は2020年までに8基，2010年6月に閣議決定されたエネルギー基本計画では2030年までに14基の新増設を見込んでおり，これを前提としたわが国の目標は，大きな見直しを迫られることとなった。

　この問題に対処するため，政府では，2011年6月，関係閣僚からなる「エネルギー・環境会議」を設置し，「エネルギーシステムの歪み・脆弱性を是正し，安全・安定供給・効率・環境の要請に応える短期・中期・長期からなる革新的エネルギー・環境戦略及び2013年以降の地球温暖化対策の国内対策を政府一体となって策定する」(同年10月国家戦略会議決定)こととした。この点は，従来のわが国の原子力開発の基本的計画となる原子力政策大綱は原子力委員会が策定し，これを前提にエネルギー基本計画は総合資源エネルギー調査会(経済産業省)において審議され，これを前提に温室効果ガスの削減目標がおもに中央環境審議会(環境省)において検討される，という体制に比べれば大きく改善されたものといえよう(図3)。

　エネルギー・環境会議は，2010年6月のエネルギー基本計画において，原子力発電を「地球温暖化問題の解決に資し，安価でエネルギー安全保障上も優れる準国産電源」と位置づけていたのに対し，震災後の選択としては，「原発依存度を可能な限り減らす」という方向性が共有されつつあるとし，その上で，

・どの程度の時間をかけて減らしていくのか。
・どこまで減らすべきか。
・原発低減をどのエネルギーで補っていくべきか。
・どの程度のコストをかけて国民生活や産業活動の構造転換をはかるか。

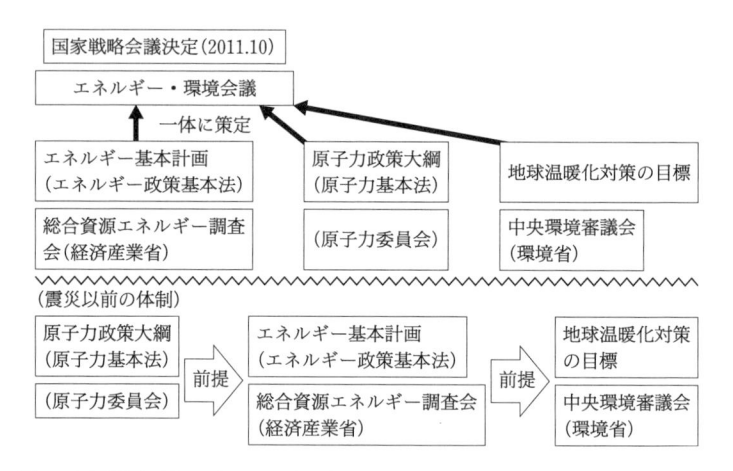

図3 震災後(平成24年(2012年)末の政権交代以前)の温暖化対策の検討体制

表3 2012年7月「エネルギー・環境会議」の示した3つの選択肢

(2030年におけるシナリオ)	現状	原発ゼロシナリオ	原発15%シナリオ	原発20〜25%シナリオ
原発依存度	26%	0%	15%	20〜25%
再生可能エネルギー	10%	35%	30%	30〜25%
化石燃料比率	63%	65%	55%	50%
最終エネルギー消費(石油換算)	3.9億kl	3.0億kl	3.1億kl	3.1億kl
温室効果ガス削減策		強力に実施	中位	中位
温室効果ガス排出量(2030年:1990年比)		−23%	−23%	−25%
温室効果ガス排出量(2020年)		−0〜7%	−9%	−10〜11%
発電コスト	8.6円/kWh	15.1円/kWh	14.1円/kWh	14.1円/kWh
GDPへの影響*		−1.3〜7.4%	−0.3〜4.9%	−0.3〜4.6%

*「自然体ケース」での2030年のGDPを下回る割合を示す。

といったことを,意見が分かれる論点として示した(2012年7月国家戦略室「エネルギー・環境に関する選択肢」)。

2012年7月,エネルギー・環境会議では,各省の関係審議会が検討した原子力政策,エネルギーミックスおよび温暖化対策のシナリオから,非現実的な組み合せを除いた3つの選択肢(表3)を提示し,国民の意見を求めた。

この3つの選択肢のポイントは,2030年における発電量に占める原発の

割合について,「原発20〜25％シナリオ」は,ほぼ震災までと同水準かやや少ない程度,「原発15％シナリオ」は,今後運転開始40年を迎えた原発を順次廃止していった場合の"自然体"の状況を示している。したがって,「原発ゼロシナリオ」は,原発をそれを上回るペースで休廃止していくことを意味し,逆に,「20〜25％」シナリオでは,今後も何基かの原発は新設・更新していくことを意味している点である。

　これに対し,再生可能エネルギーは,「原発15％シナリオ」「原発20〜25％シナリオ」の「温室効果ガス削減策中位」の対策でも,例えば太陽光発電は現状(2010年)の発電量38億kWhを18倍の666億kWhに増加,これに要する投資額は12.1兆円,風力発電は現状の43億kWhを15倍の663億kWhに増加,これに要する投資額は10兆円としている。「原発ゼロシナリオ」の「強力に実施」の場合にはそれぞれ721億kWh,903億kWhに増加させるとしており,さらにそれぞれ1.7兆円,3.9兆円の追加投資が必要としている。

　震災前に策定されたエネルギー基本計画に基づく環境省の「ロードマップ」でも,再生可能エネルギーの総量は2030年時点で原油換算6,700万kl相当と見込まれていたが,これを8,100〜9,500万kl相当にまで拡大することを意味することになる。

　この選択肢をもとに,どのような途を選ぶかは,福島第一原発の事故の記憶も新しいなか,大きな議論を呼び,「討論型世論調査」といった意見集約の方法が試みられるなど,さまざまな意見が表明され,政府に示されることとなった。

　これらの選択肢を比較するに当たっては,エネルギーと地球温暖化の問題の構造を踏まえておく必要がある。最も重要な点は,
　①原発依存度をできるだけ引き下げること。
　②エネルギーの供給に要するコスト(投資コスト,運転コスト)をできるだけ
　　少なくすること。
　③温室効果ガスの排出量をできるだけ削減すること。
という3つの重要な課題は,いわば"三すくみ",あるいは,玉を3つ使ってのお手玉のような関係にあって,どれかふたつの玉を掴むと,3個目の玉

が落ちてしまうように，どれかふたつがうまくいく方法はあっても，そうすると3つ目がうまくいかない，という関係にあることである(図4)。

　すなわち，①と②を達成するなら，火力発電に頼ればよいが，そうすれば温室効果ガスは大幅に増えてしまう。①と③を達成したければ，割高な自然エネルギーに多額の投資が必要となる。②と③を達成しようとすれば，原子力発電に頼るほかない，ということになってしまう。したがって，この3つの目標をどのようなバランスで達成するのか，ということが問題になる。

　また，図4に示すように，この3つの要素をどうするのかの前提として，2020年なり2030年なりにおけるわが国の経済活動の規模をどう見積るのか，それに基づいて，エネルギー需要をどのくらいに見積るのか，という問題がある。これを低く見積れば達成は比較的容易であるし，これが大きいほど，実現可能な解を導くことが困難になる。この選択肢が示された際，産業界からは，この部分の見通しが過小であり，3つの選択肢はいずれも実現不可能である(よって温室効果ガスの削減目標は放棄せよ?)，といった主張もなされた。

　このような点を踏まえて，この3つの選択肢を比較すると，次のような特性が見て取れる。

①いずれのシナリオも，総エネルギー消費量はあまり変わらない，すなわち，省エネルギーの面でのこれ以上の深堀りは困難。

②風力，太陽光などの再生可能エネルギーはこれ以上急激には増やせない。時間をかけたとしても，原発ゼロを実現するためには，新築される住宅に加え既存の住宅の大部分に太陽光発電を載せる，省エネ性能に劣るビ

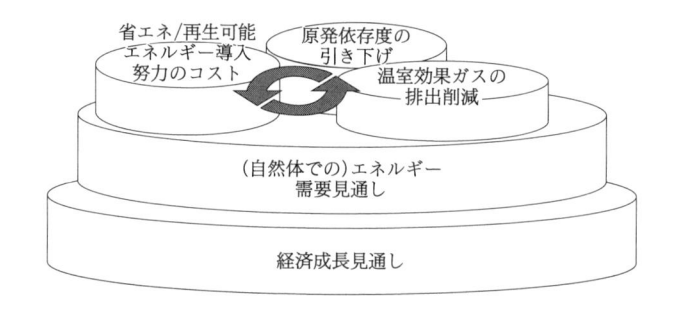

図4　エネルギー・温暖化政策の関係

ルは強制的に改築・改修させる，省エネ性能に劣る製品は販売させないといった，きわめて強力な強制力をともなう措置を採らないと実現できず，投資額も巨額に上る。
③逆に，原発15%シナリオでも大半の原発はいったん再稼働する必要があり，20〜25%シナリオならば新増設も行う必要がある。
④いずれのシナリオでも，かなりの経済的負担，その結果としての電力料金の上昇と経済成長の押し下げは避けがたい(少しでも経済への悪影響の少ない道で，という考え方の一方で，もちろん予測の誤差もあるので，逆に，シナリオによる差がこの程度であるならば，「毒食わば皿まで」で，最もクリーンな道でいいではないか，という考え方もあるかもしれない)。
⑤いずれのシナリオでも，2020年での温室効果ガス削減25%は無理，2030年なら何とか可能である。

3.3 「革新的エネルギー・環境戦略」の決定

　この3つの選択肢は当然ながら大きな議論を呼んだが，政府の「エネルギー・環境会議」では各地での説明会，公聴会などを実施し，また各種の世論調査などを踏まえた上で，2012年9月に，「革新的エネルギー・環境戦略」を決定した。その骨子は以下のようなものである。
①2030年代に原発稼働ゼロを可能とするよう，あらゆる政策資源を投入する。
　・原発の40年運転制限制を厳格に適用する。
　・原子力規制委員会の安全確認を得たもののみ再稼働する。
　・原発の新設・増設は行わない。
②引き続き従来の方針に従い再処理事業に取り組む。
③2030年で発電電力量は約1兆kWh(2010年比−10%)，最終エネルギー消費量は原油換算約3.1億kl(同−19%)(原発15%，20%シナリオとほぼ同じ)
④再生可能エネルギーは約3,000億kWh(原発ゼロ，15%シナリオとほぼ同じ)
⑤温室効果ガス排出量は，2030年で1990年比−20%，2020年では−9〜−5%(原発ゼロシナリオでは−23%，−7%)
　このシナリオの意味するところを考えてみると，原発15%シナリオをも

とに，これを原発ゼロの方向にシフトさせつつも，

　①省エネルギー・再生可能エネルギーを15％シナリオ以上に増やすのは無理。
　②このため，原発依存度を下げる分は火力発電に頼り，コストの増加を緩和。
　③その結果，温室効果ガス排出量の削減目標は，原発ゼロシナリオよりさらに緩和。

することにより，前述の"三すくみ"のそれぞれを少しずつ譲って，2030年原発ゼロを"目指す"としたものと考えられる。

　その背景としては，この3つのシナリオにより，2030年までに原発ゼロを実現することがきわめて困難，高負担であることを示すことによって，既存の原発は40年の耐用年数までは動かすことを前提とする15％シナリオが「落としどころ」となると想定されていたのに対し，各種の意見把握の方法によっても，国民の「原発ゼロ」の要求が依然として高いことが明らかになったことがあると思われる。このため，実現可能な見通しが立つ範囲で，可能な限りその方向に近づけたものといえるのではないか。

　この戦略は，決定されたときから，いろいろな矛盾や問題があるとの指摘がなされてきた。その第一は，現在建設中の原子力発電所(大間，島根3号)は完成させるとしているが，これを40年間稼動させるとすれば，2030年の時点ではまだ稼動していることになって，原発ゼロとはならないではないか，との点である。

　また，原発ゼロを目指すためには，発電施設の建設の目途以外にもさまざまな社会的問題があり，そのなかでより本質的なのが，核燃料サイクルの取り扱いである。これまでわが国の原発で使用した核燃料は，再処理を行ってプルトニウムを抽出して再び使用する，将来的には高速増殖炉で使用するため，英国やフランスの再処理工場に処理を委託するとともに，青森県六ヶ所村に再処理工場が建設されており，すでに各地の原子力発電所から使用済み核燃料が搬入されている。この戦略では，引き続き従来の方針に従い再処理事業に取り組むとされているが，2030年までにすべての原発を止めるならば，再処理の必要はなくなり，使用済み核燃料を六ヶ所村に置いておく意味

もなくなってしまう。このため，この方針が発表されると，いち早く青森県知事は抗議の意を表明し，再処理を取りやめるならば，県内の使用済み核燃料を各原発に持ち帰るよう要求した。

また同様に考慮しなければならないのは，電力会社の財務問題である。各電力会社は資金を借り入れて原子力発電所を建設しているが，もし原発を動かさないのであれば，利益を生むことのない原発は資産として計上することができなくなってしまいかねない。一方借入は残るため，電力会社各社のバランスシートは大幅に悪化することになる。もしそれが今後市中からの資金調達に支障が生じるほどに至るのならば，東京電力のみならずすべての電力会社を今後どのような形で運営していくのか，という問題に発展することになる。

これまでに，事故を起こした福島第一原発1〜4号機以外に廃炉を表明した原発はなく，2013年7月に原子力規制委員会が新規制基準を施行した際にも，基準のクリアは困難として再稼動の申請の断念を表明した原発は皆無であったが，このことは，廃炉による財務への影響をクリアしなければ，そのような表明はできないことを示していると考えられる。報道によれば，本来の耐用年数を待たずに廃炉となる原発の会計上の扱いについては，2013年6月より，経済産業省を中心に検討が開始されることとなったという(2013年6月26日付け日経新聞)。

このような問題に数か月といった短期間で方針を決定し，関係者の合意を得るのは不可能であり，これらについて整合的な方針が示し得ない以上，原発ゼロに「する」とはし得ず，「目指す」といった表現に止め，しかもこの戦略そのものを直接閣議決定することはできなかったと考えられる。

一方，震災後の2012年4月に閣議決定された，政府の環境政策の基本的な計画である環境基本法に基づく環境基本計画においては，

> 「産業革命以前と比べ世界平均気温の上昇を2℃以内にとどめるために温室効果ガス排出量を大幅に削減する必要があることを認識し，2050年までに世界全体の温室効果ガスの排出量を少なくとも半減するとの目標をすべての国と共有するよう努める。また，長期的な目標として2050年までに80％の温室効果ガスの排出削減を目指す」

との記述がされており，「2050年までに世界で半減，そのために我が国を含む先進国で−80％」との長期的目標は維持されている。

4. 今後のエネルギー・地球温暖化政策を考える上での視点

4.1 政権交代後の検討

2012年12月に行われた衆議院総選挙の結果，自由民主党が政権に返り咲き，安倍総理大臣は次のように表明した。

> 「いかなる事態においても国民生活や経済活動に支障がないよう，エネルギー需給の安定に万全を期します。前政権が掲げた2030年代に原発稼働ゼロを可能とするという方針は，具体的な根拠を伴わないものであり，これまで国のエネルギー政策に対して協力してきた原発立地自治体，国際社会や産業界，ひいては国民に対して不安や不信を与えました。このため，前政権のエネルギー・環境戦略についてはゼロベースで見直し，エネルギーの安定供給，エネルギーコスト低減の観点も含め，責任あるエネルギー政策を構築してまいります。その際，できる限り原発依存度を低減させていくという方向で検討してまいります」(参議院本会議における安倍総理大臣答弁，2013年1月31日)

「エネルギー・環境会議」は廃止され，エネルギー基本計画は経済産業省の総合資源エネルギー調査会総合部会において検討されることとなった。

2013年3月15日，内閣の地球温暖化対策推進本部は，当面の地球温暖化対策に関する方針を決定した。その骨子は以下のようなものであり，現在これに沿った検討が行われている。

- 2020年までの削減目標については，COP19(2013年11月ワルシャワ，ポーランド)までに25％削減目標をゼロベースで見直し，新たな地球温暖化対策計画を策定する。
- 中央環境審議会・産業構造審議会の合同会合を中心に，具体的な対策・施策の検討を行う。
- この検討結果を踏まえて，地球温暖化対策推進本部において計画案を策定し，閣議決定する。

・計画・施策については，エネルギー政策の検討状況を考慮しつつ，わが国の経済活性化にも資するものを目指す．

(2013年11月20日，COP19において，石原環境大臣は2020年の削減目標について，「2005年比で3.8%減」との目標を発表した)

4.2 エネルギー政策を取り巻く構造

現在わが国が直面している，エネルギーと地球温暖化対策を取り巻く構造は，概ね次のようになっていると見ることができる．

産業界はじめ経済を重視する人々の考え方は，経済を発展させるためには安価で安定的な電力は不可欠なので，原発は再稼動してほしいし，それでたりない分は，高価な再生可能エネルギーにこだわらずに火力発電で補って，温室効果ガスの削減目標は緩和してしまえば良い，というものであろう．

しかし，わが国として引き続き温室効果ガスの削減のために責任ある対応が求められないということは考えられないし，強化された規制基準に対応する安全対策を講じ，今後予想される高レベル放射性廃棄物の処理や廃炉に要する費用までを含めて原子力発電を維持する費用は，本当に安いのであろうか？(勘ぐれば，そのような費用は自分たちが負担する電力料金以外のところ(有り体にいえば，税金？)にまくってしまえばいいと考えているのではないだろうか？)

一方，大多数の国民は，福島第一原子力発電所の事故を目の当たりにし，いまだに多くの住民が帰還できず，廃炉に向けても問題が山積している状況に対し，もう原発はこりごりとの意見が，どのような調査でも大部分となっている(例えば，2013年7月24日付け日本経済新聞に掲載された同社実施の世論調査の結果では，原発再稼働に対する賛成29%，反対が55%となっている)．これを踏まえ上記のように，自民党政権におけるエネルギー政策の検討も，「できる限り原発依存度を低減させていく」ことを表明せざるを得なくなっている．

しかしこれまた，国民についても，エネルギーが安定的に供給されないこと，あるいはエネルギーの価格が大幅に上昇することの痛みについて，どれだけの覚悟があるのか，という懸念は残されているのではなかろうか．特に，わが国の温室効果ガスの8割は事業部門(産業，業務，業務用自動車など)から排出されており，家庭部門(家庭，マイカー)は2割にすぎない．節電といった場

合家庭における節電については理解しても，8割の事業部門に何が起こるのかに思いが至るか，その影響が雇用や賃金といった形で現れた場合に世論がどうなるかはわからない（この点については，次項で述べる現在の電力供給の状況をどう見るか，にもよってくるであろう）。

4.3　政策を考える上での視点

国内のこのような状況のなかで，今後のわが国の地球温暖化対策に関する目標と，その前提となるエネルギー政策を確立するのは困難な道であるが，その検討に当たっては，次のような視点を踏まえる必要があると考える。

第一に，長期，短期のタイムスパンを混同しないことである。

「革新的エネルギー・環境戦略」に示されたわが国の現在と今後の電力供給を模式図にしたものが図5である。

電力需要は今後省エネルギーの進展で緩やかに減少していく一方で，風力・太陽光などの再生可能エネルギーは，どんなに頑張ってもこれ以上導入を加速するのは無理で，図5のような形でしか増えていかない。一方，原子力発電は点線のように徐々に縮小していって，2030年にちょうどゼロになるかはわからないので，そのあたり雲に隠れている，というのが「革新的エネルギー・環境戦略」であった。ところが現在は，実線のように原子力発電所のほとんどは停止しており，灰色にした部分の供給手段のあてがない状態にある。現状はこの部分も火力発電所の稼動を増やしてまかなっているが，

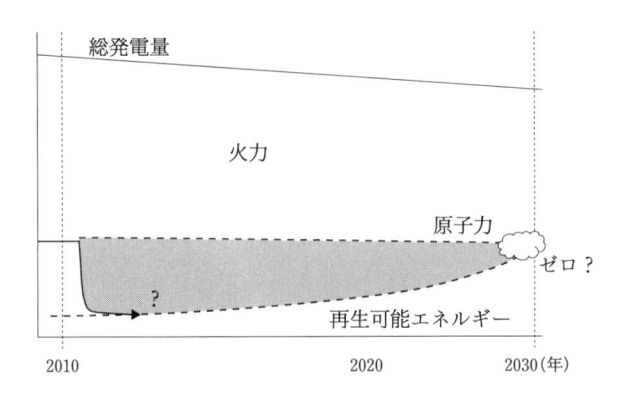

図5　「革新的エネルギー・環境戦略」に示されたわが国の電力供給

このために化石燃料の輸入が多額に上っており，二酸化炭素の排出も増加している一方，現在稼動させている火力発電所には，震災以前はほとんど稼動していなかった老朽化したものが多く含まれており，安定した稼動には不安があるといわざるをえない。

　このギャップを既存火力の稼動に加えて，企業の自家発電の活用や各種のピークカット対策などでしのげると考えるか，それが厳しいなら，〝ショートリリーフ〟のような火力発電所を建設するのか，しかもこの場合の燃料輸入額の大幅な増加や二酸化炭素の排出の増加はやむなしとするのか，そうでないとするならば，直近の需要を満たすためには，既存の原発のなかで新しい規制基準を満たしたものを稼動させることは，長期的には徐々に原子力発電を減らしていくとの考え方とは矛盾しない（既述のように，再生可能エネルギーを図5に示した以上に急速に導入することはできないので，長期的ではなく，現在直面している，図の灰色の部分に当たる問題に対しては，再生可能エネルギーは回答になりえない）。

　ドイツは東日本大震災を教訓に2022年までの原発の廃止を決定したが，代替する電源の計画を立てた上で，順次止めていくこととしており，現時点では原発は稼働している。

　このように経年による廃炉と，それを補うための施策（再生可能エネルギーの導入や，需要抑制のための対策）を計画的に講じていくなかで，いったん原発を再稼働することは，「喉もと過ぎれば熱さ忘れる」で，再稼働すれば，原発廃止は沙汰止み，でも，ただちにすべての原発を廃止，でもない道として考えることは可能である。

　第二に，仮に原子力発電をやめたとしても，当然ながらこれまでに原子力発電を推進してきたことにより貯った放射性廃棄物の処理や，役割を終えた原子力発電所の廃炉といった問題が消えてなくなるわけではないことである。今後とも多額の費用と人手をかけて対策を講じていくのみならず，技術開発を進めていく必要がある。

　特に，これらに当たるのは〝生身の人間〟であり，これに当たる関係者の技術力と士気をどうやって維持するかは重要な課題となる。福島第一原発の廃炉だけでも短くて40年かかるとされており，このくらいの期間になると，

後継者となる技術者の養成をどうするのか，いわば「後始末」のみを使命とする技術者を養成することが現実に可能か，ということまで含めて考える必要がある。

さらに，前述の核燃料サイクルの取り扱いに関しては，国際的状況も含めて考える必要がある。すでにわが国は，2011年末時点で国内だけで約9トンのプルトニウムを保有しているが，プルトニウムはそれ自体非常に有害な物質であるのみならず，核兵器の原料になる物質であり，世界で厳しい管理が行われている。これまで核兵器の開発の疑惑のある国に対しプルトニウムの抽出，保有を厳しく規制してきたのに対し，わが国は原子力発電所の燃料として使用することを前提に保有が認められてきたが，もしこれを断念するならば，わが国のプルトニウムの保有はその根拠を失うことになる。

今後のエネルギー政策はこれらのすべてと整合的であることが求められているが，いうまでもなくこれは容易なことではない。報道によれば，2013年内の策定を目指している新しいエネルギー基本計画においては，原発比率などの具体的なエネルギーミックスの姿は盛り込まれない方向とのことであり，2020年までの策定を目指すとのことである（2013年7月25日付け日経新聞）。

すなわち，これらの論点に関する整理を〝うやむや〟にして原発ゼロを〝目指す〟としたのが民主党政権下での「革新的エネルギー・環境戦略」であるとすれば，それが困難であることを念頭に，すぐには決めず時間をかけて検討する，のが自民党政権の方向と見ることができる。

この間にも地球温暖化は進んでいくなか，国際的にも国内の状況からも，現在すぐに温室効果ガスの排出削減について踏み込んだ目標を立てることは大変難しい状況にある。このような難題があるなかではあるが，国際的交渉に積極的に参加しうるような目標の設定を目指すとともに，後の章で述べるような再生可能エネルギーの開発導入を可能な限り進めること，当面の厳しい目標が存在しないことになったとしても，将来の削減対策の開発・研究の手を緩めないことが肝要になっている。

[引用・参考文献]

エネルギー・環境会議(当時). 2012. 革新的エネルギー・環境戦略.
環境省. 2011. 平成 23 年版環境白書.
環境省. 2012a. (第 4 次)環境基本計画. p.69.
環境省. 2012b. 平成 24 年版環境白書.
環境省. 2013. 2012 年度(平成 24 年度)の温室効果ガス排出量(速報値)〈概要〉.
国家戦略室(当時). 2012. エネルギー・環境に関する選択肢.
IPCC. 2007a. 第 4 次評価報告書統合報告書 政策決定者向け要約(文部科学省・気象庁・環境省・経済産業省確定訳).
IPCC. 2007b. 第 4 次評価報告書第 2 作業部会報告書 政策決定者向け要約(環境省確定訳).
日本経済新聞. 2013 年 6 月 26 日.
日本経済新聞. 2013 年 7 月 24 日付に掲載された同社実施の世論調査.
日本経済新聞. 2013 年 7 月 25 日.
UNEP. 2012. The Emissions Gap Report 2012 Executive Summary.
地球温暖化対策推進本部. 2013. 当面の地球温暖化対策に関する方針.

第3章

温暖化防止対策としての海洋肥沃化と国際法

堀口健夫

1. はじめに

　温暖化に関する国際ルールといえば，温暖化防止自体を目的として締結された気候変動枠組条約(1992年)や京都議定書(1997年)を思い浮かべる人がおそらく少なくないであろう。温室効果ガスの排出削減などを目的とした国際ルールづくりは，今日においても引き続き重要な課題であり続けている。しかしその一方で注目すべきは，地球温暖化問題が，本来温暖化に関わりのなかった国際条約の運用にも影響を与えつつあるという点である。本章では，その一例として，海洋肥沃化(ocean fertilization)をめぐる近年の国際規制の動向を取り上げる。後で詳しく述べるように，海洋肥沃化とは鉄などを散布することで大気中の二酸化炭素の海洋への吸収を増進させようとするものであり，温暖化防止の効果が期待される技術のひとつだとされる。しかしこの技術については，海洋環境に対する悪影響に関する懸念も同時に指摘されており，海洋環境保護を目的とする条約などの下でその規制が進められつつある。このように，そもそも温暖化防止自体を目的としていなかった条約との関係で，具体的な温暖化防止対策の妥当性が問題とされつつあるという点も，温暖化をめぐる近年の国際法の重要な動向となっている。本章では，海洋肥沃化問題を手がかりに，こうした動向とそこで直面している課題の一端に考

察を加えたいと思う。

2. 海洋肥沃化

ここでいう海洋肥沃化とは「鉄その他の無機物を海洋に散布することにより植物プランクトンの繁殖，藻類の発生を助長し，その炭酸同化作用を通じて大気中の二酸化炭素が体内に固定化され，それが死滅したプランクトンや藻類とともに海底深くに沈殿することを通じて，大気中の二酸化炭素を削減して地球温暖化を抑制しようとする技術」を指す[*1]。つまり，鉄などの栄養物を使ってプランクトンなどを増殖させることで，海洋への二酸化炭素の吸収をさらに高めることを狙いとしている。二酸化炭素の海洋への吸収に関わる自然のメカニズムに人為的に働きかけることにより，大気中の二酸化炭素のいっそうの削減をはかろうとするところに，この技術の本質があるといえる。

だがこの海洋肥沃化については，これまで実際に鉄散布による実験が何度か実施されているものの，そもそも温暖化対策としてどこまで有効なのかという点に加えて，海洋環境に対する影響に関しても不確実なところがあり，富栄養化や，海洋の酸性化，生態系への悪影響などの懸念も指摘されている[*2]。仮に温暖化防止に有効な技術のひとつだとしても，それ自体別の環境問題(＝海洋環境への悪影響)をもたらす可能性が問題とされているのである。

このように海洋肥沃化については，温暖化対策としての有効性と海洋環境への影響について不確実性があるのが現状である。だがその一方では，実際に民間企業・組織により，大規模な海洋肥沃化実験が計画されてきている。そもそもこの問題が国際的な議論の対象となり始めたのも，2007年に米国企業のPlanktosが公表したガラパゴス島沖合での大規模な鉄散布実験計画

[*1] 奥脇直也「ロンドン(ダンピング)条約と海洋肥沃化実験：CO_2 削減の技術開発をめぐる条約レジームの交錯」ジュリスト1409号(2010)，38頁。
[*2] これらの点については，例えばK. N. Scott, "International Law in the Anthropocene: Responding to Geoengineering Challenge," Michigan Journal of International Law, vol. 34 (2012-2013): 323f を参照。

を契機としていた*3。また2012年には，民間組織によりカナダ沖合で硫酸鉄100トン以上が実際に散布され，国際的に強い懸念が表明された*4。これらは，温室効果ガスの排出分を相殺する，いわゆるカーボン・オフセットを創出することで，将来的に商業的利益を上げることを見越した動きだといえる。だがこれらの企業・組織にとっては，長期的な海洋環境への悪影響はあまり重要な関心事項ではない可能性がある。

　こうした状況において，海洋環境の保護を目的とする条約との関連で，海洋肥沃化活動の規制が検討されてきている。次にこの点を詳しく見ていこう。

3. 海洋投棄に関する国際条約体制と海洋肥沃化

3.1　海洋投棄に関する国際条約体制(ロンドン条約体制)

　海洋肥沃化の規制の問題に入る前に，まずは関連する条約の発展状況を概観しておく。海洋環境については，国連海洋法条約(1982年)が海洋環境保護や海洋汚染防止に関する一般的義務や各国の管轄権の配分などに関する規則を定めるが，より詳細な国際ルールは，汚染原因別に締結される一般条約(＝特定の地域に限定されない条約)や，閉鎖海や半閉鎖海をおもにカバーする地域条約により発展してきている。そのうち海洋肥沃化が実際に問題とされているのは，おもに海洋投棄に関する国際規制との関係においてである。海洋投棄とは，陸上で発生した廃棄物などを船舶に積み込み，それを海域に運んで排出する行為などを指すが*5，船舶からの鉄などの散布行為もこうした海洋投棄に該当する可能性があったためである。

　海洋投棄の規制については，一般条約としてロンドン海洋投棄条約(1972年。以下「72年条約」)と改正議定書(1996年。以下「96年議定書」)が締結されている。ここでは，これらの条約を基礎とする国際規制の総体をロンドン条約体制と呼ぶこととしよう。ロンドン条約体制では，72年条約や96年議定書の

---

*3 そのほかの鉄散布実験計画の概要も含めて，奥脇直也，前掲論文，38頁を参照。
*4 例えば後述するロンドン海洋投棄条約・96年議定書の締約国の会合においても，この事案について強い懸念が表明されるに至っている。LC 34/15, Annex 7を参照。
*5 厳密な法的定義については，例えば96年議定書第1条4項を参照。

締約国や，科学的な助言機関である科学グループ(scientific group)による会合が定期的に開催されており，それらの会議の決議を通じて，条約や議定書の定めるルールの解釈が示されたり，新たな制度の提案がなされるなどして，国際的なルールが動態的に発展してきている。つまり単純に条約の条文だけを見ていては規制の実態は十分把握できないのであり，締約国会合などの組織の活動も視野に入れる必要がある。これらは近年の環境条約に広く見られる特色であり，本章で「条約体制」の語を用いるのはそうした問題意識を背景としている。

　そのような国際規制の展開のなかで，特に72年条約と96年議定書とでは，基本的な国際規制のあり方の大きな転換が見られる。そもそも72年条約においては，附属書Ⅰ(ブラックリスト)と附属書Ⅱ(グレイリスト)に有害と考えられる廃棄物などをリスト化した上で，前者の投棄を禁止し，後者の投棄も各国の規制当局が個別に発する特別許可に服するものとされた。そしてこれらのリストに掲載されていない廃棄物などは，一定の条件をもとに投棄が可能となっていた。このように，有害性が強いと考えられる物質などを予め列挙し，厳格な規制の対象とする手法はリスト方式と呼ばれている。これに対して96年議定書では，海洋投棄を原則として禁止するに至り，72年条約の場合とは逆に，例外的に投棄が検討されうる物質の方を附属書でリスト化している。こうした手法はリバースリスト(逆リスト)方式と呼ばれている。しかも同議定書では，これらのリバースリスト上の物質であれば，自動的に海洋投棄が許容されるわけではない。そうした例外的な投棄を実施するに当たっても，各国の規制当局による個別の許可を得なければならず，その際に許可申請者は，当該海洋投棄が必要なものであることと，海洋環境に対する潜在的影響がないことを示さなければならないこととなった(環境影響評価などを含んだ個別許可制度の新設)。

　96年議定書におけるこうした規制手法の転換は，環境問題に対する予防的アプローチ(precautionary approach)[6]という考え方を具体化したものだと

---

[6] 日本における条約の公定訳などではprecautionary approachは「予防的な取組方法」と訳されており，本文で引用した96年議定書第3条1項についても同様であるが，学説では「予防的アプローチ」の語が用いられることがむしろ多く，ここでもそれに従っ

いえる。同議定書の第3条1項は，同アプローチの採用を以下のように明文化している。「締約国は，この議定書を実施するに当たり，廃棄物その他の物の投棄からの環境の保護について precautionary approach を適用する。当該 approach の適用に際しては，海洋環境に持ち込まれた廃棄物その他の物とその影響との間の因果関係を証明する決定的な証拠が存在しない場合であっても，当該廃棄物その他の物が害をもたらすおそれがあると信ずるに足りる理由があるときは，適当な防止措置をとるものとする」。このように，予防的アプローチの基本的な意義は，科学的不確実性が残る段階から早期の汚染防止措置を求める点にある。そして学説では，このアプローチの厳格な実施のあり方として，「立証責任の転換」が指摘されている。すなわち，規制する側が当該活動に許容し難い環境リスクがともなうことを立証するのではなく，むしろ活動を実施する側がそのような環境リスクをともなわないことを予め立証しなければならないという考え方であり，そうした立証がなされてはじめて当該活動の許可が付与されるべきだとされる。上述のような96年議定書の規制手法は，この「立証責任の転換」の考え方を具体化したものであるといえよう。このように96年議定書の下では，予防的アプローチに基づいて，厳格な投棄規制が制度化されるに至っているのである。

3.2 ロンドン条約体制における海洋肥沃化問題への対応

海洋肥沃化については，まず2007年にロンドン条約体制下の科学グループが，鉄散布による肥沃化を懸念する声明を出している[*7]。同声明は，「鉄による海洋肥沃化の実効性と潜在的な環境への影響に関する知見が，現状においてはその大規模な活動を正当化するには十分ではない」との見解を示した上で，海洋肥沃化が海洋環境や人間の健康に悪影響を与える可能性を懸念し，「そうした活動が72年条約や96年議定書の目的に反しないよう確保するために，あらゆるそれらの活動が慎重に評価されるべきことを勧告」している[*8]。その後同年に開催された72年条約/96年議定書の締約国の会合に

［前ページからつづく］ている。
[*7] LC-LP.1/Circ. 14. 13 July 2007 を参照。
[*8] *Ibid.*, p. 1.

おいては，同声明への支持が表明され，海洋肥沃化への対処がロンドン条約体制の規制権限に含まれることや，その規制を目的にこの問題に関する科学的・法的研究をさらに進展させることなどが合意された。またさし当たり各締約国は，鉄による大規模な海洋肥沃化活動の計画については慎重に検討することが求められた*[9]。

そして翌2008年の締約国の会合において，海洋肥沃化の規制に関する決議 LC-LP.1 が採択される*[10]。まず同決議は，海洋肥沃化を「海洋における一次生産性(筆者注：光合成生物による有機物の生産性)を刺激することを主たる目的に人間により実施されるあらゆる活動」と定義する(同決議本文パラグラフ2)。そして，「海洋肥沃化の実効性や潜在的な環境影響に関する知見が，現状においては正当な科学調査(legitimate scientific research)以外の活動を正当化するには不十分である」(同前文パラグラフ6)とした上で，そうした「正当な科学調査」は，72年条約や96年議定書が定めるところの「単なる処分以外の目的のためのものの配置(placement)」に該当するとしている(同本文パラグラフ3)。実は72年条約や96年議定書は，「単なる処分以外の目的のための配置」は，規制対象である海洋投棄(dumping)には該当しないとする旨の条文を置いている*[11]。つまり同決議は，「正当な科学調査」については，前述したような海洋投棄に関する条約上の規制の対象外であることを明らかにしたのである。ただし72年条約や96年議定書では，そうした「配置」が「投棄」に当たらないといえるためには，当該行為がそれらの条約の目的に反しないことが条件とされている。そのため同決議では，計画された科学調査が72年条約・96年議定書の目的とが整合的であるかどうかを判断するための手法

---

*[9] LC 29/17. 14 December 2007, para. 4.23 を参照。なお，肥沃化の際に散布される鉄などについては，72年条約のブラックリストには該当しないといえる一方(つまりその海洋投棄が許容されうる)，96年議定書のリバースリストに該当するかは締約国間でコンセンサスがなく，そのことが2008年以降の諸決議の採択を促したと指摘されている。Markus, T. and Ginzky, H. "Regulating Climate Engineering: Paradigmatic Aspects of the Regulation of Ocean Fertilization," Climate Change Law Review, vol. 4 (2011): 480.

*[10] Resolution LC-LP.1 (2008) on the Regulation of Ocean Fertilization.

*[11] 72年条約第3条1項(b)(ii)，96年議定書第1条4項2号2。

を含んだ評価枠組み(assessment framework)が科学グループにより作成されることを予定しており，この評価枠組みに従って実際に評価がなされ，結果許容できると判断された計画が「正当な科学調査」に当たるとした(同本文パラグラフ 4, 5, 7)。そして現在の科学的知見の状況においては，この「正当な科学調査」以外の肥沃化活動は許容されるべきではなく，また前述の「配置」には該当しないものと判断されるべきだとしている(同本文パラグラフ 8)。

　その後，この決議で言及されていた評価枠組みは科学グループを中心に作成が進められ，2010 年の締約国会合の決議 LC-LP.2 において採択されるに至った[*12]。この評価枠組みは，科学調査としての性質を有するかどうかを判断する初期評価(initial assessment)と，72 年条約・96 年議定書の目的に反するような海洋への悪影響のおそれがないかどうかを判断する環境影響評価(environmental impact assessment)からおもに構成される。すべての海洋肥沃化実験がこの評価枠組みの対象となっており，こうしたプロセスを通じて当該実験が「正当な科学調査」に該当するか否かが判断されることとなっている。

　このようにロンドン条約体制においては，締約国会合の決議を通じて，海洋肥沃化に関する規制のあり方について一定の合意が形成されつつある。もっともこれらの決議には法的拘束力がなく，仮に締約国がそれらの内容を遵守しなかったとしても，国際法上の責任がただちに生じるわけではない。そうしたこともあって同条約体制では，2009 年ごろより法的拘束力のあるルールづくりも本格的に議論されており，議定書の改正などの選択肢も検討されている状況にある[*13]。

[*12] Resolution LC-LP.2 (2010) on the Assessment Framework for Scientific Research Involving Ocean Fertilization.
[*13] これらの議論の状況については，例えば Rayfuse, R. "Climate Change and the Law of the Sea," in Rayfuse, R. and Scott, S.V. International Law in the Era of Climate Change (2012). pp. 147-174. を参照。

4. 考　察

4.1　予防的アプローチの実現とその課題

　以上見てきたように，海洋肥沃化の海洋環境への影響については不確実性が残るが，ロンドン条約体制においては海洋環境に対するリスクが強く問題視され，法的拘束力のない決議を通じてではあるが，それなりに厳格な規制の方向性が打ち出されてきているといえる。このような展開は，科学的に不確実な環境リスクへの慎重な対処を求める，予防的アプローチの考え方に沿った対応であるといえよう。前述のように，今日のロンドン条約体制においては同アプローチが国際規制の基本原則であることが確立しており，この基本原則が海洋肥沃化活動の規制を求める主張の重要な根拠を提供してきたことは疑いないところである[*14]。

　もっとも海洋肥沃化は，地球温暖化というまた別の環境問題に対処するための活動であるという点で，単純に不要となった有害廃棄物などの海洋投棄とは異なる性格を有することは確かであり，予防的アプローチを適用するにしても，端的に当該活動の海洋環境へのリスクのみを考慮して規制のあり方を決定することは不適切だといいうる[*15]。例えば，現段階で海洋肥沃化活動を全面的に禁止した場合，海洋環境の保護には効果があるかもしれないが，それは地球温暖化防止のための有望な技術の開発を妨げることを意味しうる。温室効果ガスの排出削減をめぐる国際合意がなかなか進展しない状況では，こうした選択肢をただちに排除することは必ずしも得策ではない。また96年議定書第3条3項が，「締約国は，この議定書を実施するにあたり，（中略）一の類型の汚染をほかの類型の汚染に変えないよう行動する」と定めるよ

[*14] この点については，例えばMayo-Ramsay, J. "Environmental Discourses in the Ocean Commons: the Case of Ocean Fertilization" in Jessup, B. and Rubenstein, K. eds. Environmental Discourses in Public and International Law (2012). p. 433f. を参照。

[*15] 同様の指摘として，例えばScott, *op. cit*., vol. 34 (2012-2013): 323f.

うに，海洋環境保護に資するからといってほかの環境要素に損害やそのリスクを移転することがあってはならないというのが，ロンドン条約体制下の締約国の共通認識となっている。海洋肥沃化に対する予防的規制を進めるに当たっては，少なくとも当該活動による地球温暖化の観点からのベネフィットの考慮も求められるというべきである。

　この点につきロンドン条約体制においては，①当該肥沃化活動があくまで科学調査であり，②しかも海洋環境に許容しがたい悪影響をもたらさない場合に限って，それを「正当な科学調査」だと認め，さし当たり許容するという規制の方向性が打ち出されたのだと整理できる。まず①の点については，海洋環境への影響という観点からすると，カーボン・オフセットの取得・販売を目的とする商業的活動であるか，あるいは科学調査であるかは重要な基準ではないように思われるが，当面の間は科学的不確実性を削減するという目的に限って肥沃化活動を許容するという形で，地球温暖化の観点からの当該活動の潜在的なベネフィットに一定の考慮がはかられたといえる[*16]。科学的不確実性を削減するための調査・研究が予防的アプローチの具体的な実施方法のひとつであることについては，ロンドン条約体制の下でも締約国の合意がある[*17]。そして決議 LC-LP.1，LC-LP.2 によれば，上述のような海洋肥沃化の規制のあり方や評価枠組みは，知見の進展に応じて再検討されることが予定されている(決議 LC-LP.1 本文パラグラフ 9，決議 LC-LP.2 本文パラグラフ 7)。したがって，調査・研究を通じた今後の知見の充実により，海洋肥沃化が大気中の温室効果ガスの削減に有効であることが解明され，またその安全性が明らかになるなどした場合には，気候温暖化対策の有用な選択肢として本格的にその活動が許容される可能性がある。科学的に不確実な状況でなされる予防的な意思決定(決議 LC-LP.1・LC-LP.2)は，こうした暫定的性格を

[*16] そもそも国連海洋法条約において，科学調査は公海で原則自由に実施できるとされてきたことも，こうした規制の方向性に一定の正当性を付与しうる。国連海洋法条約第 87 条 1 項 f．

[*17] 72 年条約の締約国は 1991 年に予防的アプローチに関する決議を採択しているが，同決議では，予防的アプローチの実施措置のひとつとして，研究による知見の改善や，海洋投棄の実施によるリスク・科学的不確実性の削減を挙げている。LDC44(14)参照。

本来的に有しており，知見の進展に応じて規制のあり方は問い直されうるのである。

ところで，ある活動が科学調査といえるか否かの判断は必ずしも容易ではないが，決議 LC-LP.2 で採択された評価枠組みでは，その判断基準として，科学的知見をさらに充実させる諸問題に解答を与えるように当該活動が設計されるべきであること，活動の設計・実施・結果に経済的利益が影響すべきではないこと，提案された活動が適切な段階において科学的なピアレビュー(同業専門家による審査)に服すべきであること，活動の提案者は結果の公表を約束すべきであること，といった点を列挙している(評価枠組パラグラフ 2.2)。海洋肥沃化問題に限らず，ある活動が科学調査としての性格を備えるかどうかは，それが不確実性の削減を目的とした措置であるか否かの判断で重要な意味を持つ。例えば現在日本が裁判当事国となっている調査捕鯨に関する紛争においても，日本の調査捕鯨が偽装された商業捕鯨であるかどうかが主要な争点となっている。しかし国際法上，科学調査の法的定義は必ずしも確立していない。上述の評価枠組みが示した判断基準は，海洋肥沃化の文脈に限定されない一般性を持つ内容となっており，国際法一般における科学調査概念の今後の発展にも影響する可能性がある。

そして上述の②の点にあるように，こうした科学調査については，受容しがたい海洋環境へのリスクをともなわないことが事前に確認されることを条件に，その実施が許容されることとなっている。この条件の充足を確保するための仕組みとして，決議 LC-LP.2 の評価枠組みは環境影響評価のプロセスを予定している。この環境影響評価も予防的アプローチを実現するための重要な手法として今日広く制度化が進められつつあり，前述した 96 年議定書の下での海洋投棄の許可制度もその例外ではない。しかもこの許可制度に関しては，廃棄物などの評価のための比較的詳細な指針が投棄される品目ごとに整備されるようになっており(Waste Assessment Guideline(WAG)と呼ばれる)，そのことが各締約国における許可制度の適切かつ円滑な機能に少なからず貢献してきている。予防的アプローチ自体は抽象的な指針にすぎないため，条約目的に資する形でそれを国際的に実現するためには，規制対象活動や問題の特性に沿った具体的な実現の指針を国際的に形成していくことが非

常に重要である．海洋肥沃化に関する評価枠組みについても，さらなる指針づくりが今後の課題となりうる[*18]．

4.2 国際ルールづくりのためのフォーラムの適切性

以上のように，海洋肥沃化についてはロンドン条約体制の下でその規制が議論されているが，肥沃化に関する国際ルールを検討するに当たって，ロンドン条約体制が適切なフォーラムといえるか，という問題提起が可能かもしれない．例えば肥沃化活動が商業的利益に結びつくには，当該活動による温室効果ガスの吸収分が排出分を相殺しうることが認められ，また炭素市場の取引対象とされることが必要だが，これらの問題は気候変動枠組条約を基礎とする地球温暖化防止条約体制での検討が想定される事項である．また肥沃化活動の規制については，ロンドン条約体制とは別に，生物多様性条約(1992年)の下でも議論が進められており，実際に2008年に開催された同条約の第9回締約国会議では，前述の決議LC-LP.1に先駆けて，沿岸海域で実施される小規模の科学調査のみが許容されるべきだとする決定が採択されていた[*19]．このように，海洋肥沃化に関わりうる条約体制は複数存在する．

国際社会においては国内の議会・国会に該当するような立法機関が未発達であり，環境保護に関する国際ルールは基本的に国家間の合意(条約など)を通じて形成されている．そして今日では個別の環境問題に対応してさまざまな国際条約が締結されているが，それらの条約体制は各々の扱う問題の特性などに照らして個々に具体的なルールを発展させる一方，それぞれの規律対象には重なりも生じうるため，条約間でのルールなどの調整も重要な課題となってきている．適切な調整を欠けば，同一の問題について相反するルールや制度が併存して発展する可能性も否定できない．海洋肥沃化もそうした調整を要する問題だといえる．

[*18] 当該評価枠組みの運用において国家に相当な裁量が与えられている点を指摘するものとして，Eick, M. "A Navigational System for Uncharted Waters: The London Convention and London Protocol's Assessment Framework on Ocean Iron Fertilization," Tulsa Law Review, vol. 46 (2010-2011): 372.
[*19] Decision IX/16, 2008.

ただし，海洋肥沃化という新たな活動に対してさし当たり既存の条約体制で対応すること自体には致し方ない面があり，また海洋肥沃化という行為の規律を検討するに当たって，ロンドン条約体制は不合理なフォーラムではないように思われる。第一に，海洋肥沃化については海洋環境へのリスクの抑制が課題であり，また物質の海域への意図的な排出行為が問題となっている点で，海洋投棄を従来規律してきたロンドン条約体制以上に適切なフォーラムは見当たらない。実際のところ，同じように温暖化防止の技術として注目されている二酸化炭素の海底貯留についても，同条約体制の下で規制が議論され，結果96年議定書の改正により同議定書の許可制度の対象に加えられている。当該技術が温暖化防止を目的とすることや，海洋生態系への潜在的リスクを含むことは，ロンドン条約体制での対応を妨げるものではなく，条約目的や規律対象・手法が当該活動の規制に適切といえるかがやはり重要な要素であることが示された事例だといえる。また第二に，ロンドン条約体制には長年の規制の実績があり，それなりに国際社会からの信頼を獲得している。締約国ならびに科学グループの会合を通じて，科学的知見の進展に応じた対応が可能であることが示されてきた点が特に重要だといえよう。

　無論それでも，海洋肥沃化に関連する条約体制との調整が必要となりうる点に変わりはない。だがその一方で，複数の条約体制が関与することは，国際ルールの発展をめぐる一種の健全な競争をもたらす可能性もある。例えば前述の生物多様性条約第9回締約国会議の決定は，沿岸海域における小規模の肥沃化実験のみ許容されるとしたが，「沿岸海域」や「小規模」の意味が不明確であったことに加え，公海などで大規模に行わなければ有意味な実験は実施できないとの認識から，国連教育科学文化機関(UNESCO)の政府間科学委員会の海洋学者から同決定には強い批判があった[20]。つまり専門家からは，当該決定は実質的に海洋肥沃化実験を不可能とするとの懸念も指摘されていたのである。その後採択されたロンドン条約体制の決議 LC-LP.1 では，「沿岸海域」や「小規模」の語の使用が避けられていることからもうか

---

[20] UNESCO Intergovernmental Oceanographic Commission, Statement of the IOC ad hoc Consultative Group Ocean Fertilization, 2008.

がえるように，こうした批判が相当に考慮されたようである[*21]。そして結果的には，ロンドン条約体制の同決議で採択された規制の方向性が，以降の生物多様性条約体制における議論にも影響を与えつつある。条約体制の外部の適切な専門的知見(本件ではUNESCOの政府間科学委員会の知見)を考慮する姿勢やメカニズムを備えているかどうかも，ルール形成のフォーラムとしての正統性(信頼性)に影響するといえよう。

　最後に，海洋肥沃化がロンドン条約体制の適切な検討対象・規制対象だとしても，肥沃化活動が温暖化対策の一部にすぎないことは改めて強調しておきたい。海洋肥沃化は，良好な地球環境の維持のために工学的手法を駆使する地球工学(geoengineering)に属する技術といえるが，例えばそうした地球工学の技術のすべてがロンドン条約体制の適切な検討対象・規制対象であるわけではもちろんない[*22]。例えば，宇宙空間に物質を打ち上げて太陽光の一部を遮断するといった技術がロンドン条約体制の射程外であることは明白である。また地球温暖化対策の基本は温室効果ガスの排出削減であるべきだという考え方や，一定の倫理的・道徳的立場からは，海洋肥沃化を含む地球工学の諸技術の利用に否定的な評価がなされうるだろう[*23]。だがそうした論点も，やはりロンドン条約体制の外で扱うべき事項だといわざるをえない[*24]。

[*21] この点につきAbeteらは，同決議は生物多様性条約体制における上述の決定にも言及していることから，ロンドン条約体制の締約国は「沿岸海域」・「小規模」といった要素を検討し，結果否定したと結論するのが合理的だと指摘している。Abete, R.S. and Greenlee, A.B. "Sowing Seeds Uncertain: Ocean iron fertilization, Climate Change, and the International Environmental Law Framework," Pace Environmental Law Review, vol. 27 (2010): 582.

[*22] 温暖化に関わる地球工学の技術は，自然あるいは人工の炭素吸収源の改良・操作により温室効果ガスの大気中の濃度を削減しようとする二酸化炭素削減技術(carbon dioxide removal)と，地球の反射性の向上あるいは太陽光の方向転換により地球の表面温度を削減しようとする日射管理技術(solar radiation management)に大別されるという。海洋肥沃化は前者に属する。Scott, *op. cit.*: 321. を参照。

[*23] ロンドン条約体制下での議論においても，例えば2008年の締約国の会合でバヌアツ代表は，地球温暖化は発生源において解決されるべきであるとし，海洋肥沃化のように潜在的に深刻なリスクをともなう形で生態系を操作することに強い異議を表明している。LC 30/16. 9 December 2008, para. 4.8.

[*24] この点に関連してScottは，決議LC-LP.2が採択した評価枠組みが海洋肥沃化の科学

5. むすび

　ロンドン条約体制では，海洋肥沃化に関する「グローバルで，透明で効果的な管理・規制のメカニズム」(決議 LC-LP.2 本文パラグラフ 5)を引き続き模索しており，法的拘束力のある制度の形成が検討されている。ある制度が法的拘束力を備えることは，その違反に対して国際法上の責任追求や強制を可能とする意味で，少なからぬ意義を持つ。しかしその一方で，国際社会においては強制のためのメカニズムが十分に発展していないことも事実であり，ある国際的制度が実際に各国の行動に影響し，結果として環境保護に有効たりうるかどうかは，法的拘束力の有無以外の要素にも少なからず依存している。制度運用の指針をどの程度具体化することに成功しているか，条約の掲げる目的(海洋環境保護)を絶対視することなく温暖化防止の観点からのベネフィットの考慮も確保しているかどうか，科学的知見の変化に柔軟に対応しうるかどうか，幅広く専門的知見の考慮を確保しているかどうか，ほかの関連条約体制との調整がなされているかどうか，といった本章で指摘してきた点はそうした要素に含まれよう。要するに，たとえ法的拘束力のある制度が今後構築されたとしても，これらの要素が不十分であれば，その効果が損なわれる可能性が高い。

　地球温暖化をめぐる今日の国際ルールづくりは，法的にまったく無の状態から進められているわけではない。本章で検討した海洋肥沃化のように，本来温暖化防止を目的としていなかった既存の環境条約体制の枠組みで検討が進められている問題も存在する。報道などではポスト京都議定書をめぐる国際交渉とその進展に注目されることが多いが，温暖化をめぐる国際法上の論点はより大きな広がりを持っていることも認識されるべきである。

　［前ページからつづく］調査がメリットのある活動だと前提している点に批判的であり，諸国は地球工学の技術による温暖化対処にともなう倫理的・道徳的問題にまずは対処する必要があると述べている。Scott, *op. cit*.: 354. Scott は，地球工学を規律する議定書を，気候変動枠組条約の下で採択すべきことを提唱している(*Ibid.*: 355)。

第 II 部

再生可能エネルギーの現状と北海道における可能性

第4章

再生可能エネルギーと地域経済
―北海道を中心として

吉田文和・吉田晴代

　地球温暖化のリスク，原子力のリスク，そして原燃料の海外依存のリスク，この3つのリスクを総合的に減らすエネルギー源として，再生可能エネルギーが注目され，地域経済を活発化する手段としても期待を寄せられている。特に，再生可能エネルギーのポテンシャル（資源賦存量）の高い北海道は，その利用の取り組みに歴史と経験があり，その過去・現在・未来を振り返り，教訓を明らかにして，将来への課題と展望を示すことが求められている。

1. 再生可能エネルギーと地域経済

1.1　再生可能エネルギーの特性

　再生可能エネルギーには，風力や太陽光，バイオマス，地熱，小水力などの地域の自然エネルギーを地域で開発利用して，地球温暖化対策を行いながら，エネルギー自給率を高めるという効果がある。基本的に化石燃料を使わず，廃棄物も出さず，関連する二酸化炭素発生量が少ないという優れた特性があるため，持続可能なエネルギー源として，省エネルギーと並んで，原子力に代わる手段として注目されている。他方で，再生可能エネルギーの利用に当たっては，エネルギー密度が低く，広く薄く存在し，気候条件に左右されるといった不利な側面があり，さらに普及のために新しい技術の開発とインフラと制度枠組みの整備が必要となる。

1.2　再生可能エネルギーと地域経済の関係

　再生可能エネルギーのポテンシャルの大きな地域は，都市ではなく，農村漁村など人口密度の低い過疎地である場合が多い。したがって，エネルギー自給には，もちろん外に所得が流出しないという意義があるものの，それだけでは十分な目標といえない。特に高度経済成長期が終わった後，どこも人口流出や高齢化，産業衰退の悩みを抱えているので，再生可能エネルギーは，地元にある資源として，こうした問題解決に役立たなければならない。

　現状では，外部から大規模事業者が地域の再生可能エネルギー事業に参入して，固定価格買取制度(以下FITと略)による売電収益を上げても，その収益も生産されたエネルギーも都市へ送られ，地元に還元される利益は少ない。設備メーカーも立地していないので，雇用効果もそれほど大きいわけではない。それに対して，外部企業による事業に地元住民や自治体なども株式所有の形で参加したり，生産した電気や熱を安い価格で地元に提供させるという方法もある。また生産したエネルギーを地元で利用する産業を起こす方法もあり，自治体や農協，生協，森林組合などが副業として自分たちの事業にリンクさせるやり方がある。地元で生産したエネルギーを一部であれ，自分たちの地域振興や生活改善に利用し，事業化することが肝要である。

　地域のエネルギー資源といっても，従来は生活や産業の障害や廃棄物とされたもの，無駄に捨てられていたものも多い。外部の経験や知恵に学びつつも，地域を知り尽くした地域の自治体・企業・団体が活用のリーダーシップをとり，地元住民も参加できる資金調達の仕組みを考えるべきである。導入初期の技術を設備メーカーとも連携して地域に適合した技術に改良できる能力のある人材育成も必要とされる。何よりもエネルギーは生活や産業活動のための手段であるという視点から地域の将来を構想する必要がある。

1.3　再生可能エネルギー事業モデルと評価指標

　これまでのデンマークやドイツなど諸外国の事例，および北海道での取り組みや計画をもとに多様な事業モデルが考えられる。

　地域外の大規模事業者の参入による事業は，資本も技術も人材もあるので，

現在のところ再生可能エネルギーの主要な担い手である。ただし電力も売電代金も地域外に送られ，地域への利益還元は固定資産税程度と少ない。これを変えるには，立地計画から地元が関与し，株式保有や雇用の義務づけなど，地元への利益還元を重視する風力発電のデンマークモデルが参考になる。

町営や第3セクターなど自治体が経営する場合で，北海道では，苫前町，寿都町，せたな町，鹿追町などの町営(直営)と，幌延町，江差町などの民間資本を入れた第3セクター方式がある。計画立案や補助金などの資金調達で自治体の経営手腕が問われる。基本は売電目的だが，地元に利益は残り，バイオガスのように地域の産業や生活への貢献も見られる。

地元の民間企業，農協や漁協や市民生協などが，副業として収入を得るため，あるいは自分たちで利用する電力・熱などを生産する場合である。津別単板協同組合と㈱丸玉産業，あるいは浜中農協の取り組みがある。

市民ファンドが市民から資金を集めて，風力や太陽光発電に投資して，発電所を運営し，利益を配分していく方式である。北海道グリーンファンドなどの取り組みがよく知られている。都市と農村を繋ぐ取り組みである。

以上の事業モデルに加えて，デンマークやドイツでは，地域住民のグループが会社を設立して事業に取り組む。資金調達の一部は金融機関からの借入れによるが，地域の金融機関と公的金融機関によって，地域の事業者が利用しやすい融資プログラムが提供されている。日本でもこうした事業主体とそれを支援する金融制度双方の確立が望まれる。

このような多様な事業者が，地域で展開する，再生可能エネルギー事業に対して地域の視点から評価指標を考えてみたい。地域に根差したエネルギー資源を，地域参加で開発利用していく際には，エネルギーをどう使い，地域での仕事を増やし，「生活の質」を向上させるのかという地域への利益還元の基本的な視点が大切である。以下の6つの評価指標が考えられる。

第1にエネルギー生産額とそれによる価値創造・雇用・収入など地域経済への貢献，第2に事業の資金調達や利益確保など事業経営の側面，第3に住民参与による地域生活の質向上，第4に自治体などのリーダーシップと関係者の調整，第5に温暖化対策，騒音対策，バードストライク対策など環境保全対策の実施であり，第6に事業の透明性と情報公開である。

以上の6つの指標を，再生可能エネルギーと地域経済に関わる事業の評価指標として考えることができる。

2. 固定価格買取制度(FIT)の現状と課題

2.1 固定価格買取制度(FIT)の意義

　再生可能エネルギーは，導入段階では設備コストが高く，在来のエネルギーと比べて競争力が弱いので，買取価格と期間を定め，長期的普及目標を決めて，育成する必要がある。そのためのFITによって，再生可能エネルギー事業への融資と経営の安定が保証される。普及と発電コストの低減に対応して，買取価格と期間は調整される。それに対応して，再生可能エネルギー事業への投資の制度的枠組みを民間企業，自治体，地域住民を巻き込んでつくることが求められる。

　さらに再生可能電力の場合は，送電網への接続保証，優先接続がなければ，せっかくのポテンシャルが活かされない。特に北海道の場合，道北地区では風力発電のポテンシャルが高いにもかかわらず，送電線が未整備のために，この10年間は建設が進んでいない。同時に，風力や太陽光は天候依存型なので，調整電源の整備と安定供給も課題となる。

　これまで日本では，再生可能エネルギーの市場が小さく，設備の量産効果がなく，設備単価が高くなるので普及しないという悪循環があった。これからはFITにより事業を保障して投資を促進し，広く普及させることでFITの調達価格を下げるという好循環に繋げる必要がある。これを好機として日本の設備メーカーは，拡大する再生可能エネルギー事業者とのフィードバックを通じて，この分野を国際競争力ある分野に育ててほしい。とりわけ，建設後の発電プラントの継続的操業を保障するため，修理から維持保守まで包括的サービス体制を構築することが求められる。

2.2 枠組み条件と数値目標設定

　日本における再生可能エネルギーの開発利用は，石油危機後のサンシャイン計画にまでさかのぼり，これにより太陽光発電の開発利用が一定程度進ん

だ。2000年前後の「電力自由化」改革を受けて，2003年度から再生可能エネルギーで発電された電気の一定量以上の利用を電力事業者に義務づけるRPS制度(電気事業者による新エネルギー等の利用に関する特別措置法)が導入され，再生可能エネルギーによる電力供給量は，絶対量が少ないものの，倍増した。しかし，買取義務量が電力販売量の2％以下と低く，価格も7〜11円/kWhと安いために，本格的拡大には至らなかった。2004年以降，太陽光パネルの設置容量がドイツに追い越されるという事態を受けて，住宅用余剰電力買取制度が2009年度に導入され，固定価格買取制度の先行的導入としての役割を果たし，住宅用太陽光の導入量は大幅に拡大した。

　さらに2011年の福島の原発事故を受けて，2012年7月から再生可能エネルギーによる電力の固定価格買取制度(FIT)が正式に導入された。これにより太陽光を中心に，導入拡大が促進された。しかし，再生可能エネルギーの数値目標導入については，2012年9月に，民主党政権によって決定された「革新的エネルギー・環境戦略」により，再生可能電力の発電量を2030年までに2010年比で3倍(3000億kWh，水力を除く場合，8倍以上)以上にする，と提案されたに止まっている(第2章参照)。再生可能エネルギーの本格的な拡大には数値目標が不可欠である。

2.3　買取価格と買取期間

　2012年7月から「エネルギー供給事業者による非化石エネルギー源の利用及び化石エネルギー原料の有効な利用の促進に関する法律(再生可能エネ特措法)」に基づき開始された日本の再生可能エネルギー固定価格買取制度(FIT)では，電力会社は再生可能エネルギー発電事業者から，電力供給の申し込みがあれば，必ず応じなければならない(優先接続)。その際，政府が指定した調達価格と調達期間で買取りを義務づけた(固定価格買取)。これにより，最初に適用された価格で再生可能電力を一定期間販売できる。技術進歩と市場競争により電力の市場価格も低下し，また発電所の建設コストも低減していくので，新たに参入する発電事業者の調達価格は毎年度見直される。

　2013年10月までに運転開始したFIT設備容量は合計585万kWであり，また認定を受けた設備容量は2,100万kWになる(2013年3月末)。2011年ま

表1 再生可能エネルギー発電設備の導入状況(総合エネルギー調査会基本政策分科会，2013より)

	太陽光(住宅)	太陽光(非住宅)	風力	中小水力	バイオマス	地熱	合計
2011年度末時点における累積導入量	約440万kW	約90万kW	約260万kW	約960万kW	約230万kW	約50万kW	約2,000万kW
2012年4月～2013年5月末までに運転開始した設備	約155万kW	約167万kW	約6.5万kW	約0.4万kW	約7.4万kW	約0.1万kW	約336万kW
2013年5月末に設備認定を受け，まだ運転開始していない設備	約29万kW	約1,771万kW	約73万kW	約7.7万kW	約51万kW	約0.3万kW	約1,932万kW

での累積導入量が約2,000万kWであることと比較すると，FITの制度導入効果がわかる．しかし新規導入量のうち，圧倒的に太陽光発電が多く，90%以上になる．これは，太陽光パネルが各家庭や企業でも建物に設置しやすいこと，また大規模太陽光施設(メガソーラー)はまとまった安価な土地と日照条件が合えば，設置が比較的簡単であることによる．その典型が北海道へのメガソーラー立地計画であり，全国の認定申請の約27%を占める(2012年11月)．メガソーラー用太陽光パネルは国産メーカー製が多く，予定施工業者(一次受け)の約3分の2が道外事業者である．認定された計画が2014年までに実行されると，太陽光発電の建設投資総額は，1,670億円(51万kW×32.5万円)と推定され，年間212億円(稼働率を12%と計算)の収入が発電事業者に入ることになる(北海道経済産業局による)．しかし，これは地元に入るわけではない．特に問題なのは非住宅用太陽光であり，日本全国で2013年5月末までに設備認定を受けながら運転開始していない設備が同年8月までに1,771万kWもあるという(表1)．これは42円/kWh，20年という破格の高価格を狙った，一種の投機手段に利用されているという指摘もある．

2.4 送電網への優先接続保障

日本の固定価格買取制度(FIT)では，電気の円滑な供給の確保に支障が生ずるおそれがあるとき，電力会社は，接続を拒否できるという規定がある(再生可能エネ特措法第5条1項)．接続拒否が発生しうるケースは，おもにふた

つである。ひとつは電力網全体として見た送電線接続の問題である。風力や太陽光発電の供給量変動があると，短期の周波数調整力不足が生じる。また，夜間の風力発電を受け入れるために火力発電の出力を下げると，昼間の最大出力が下がる。その翌日，天候が悪く風力発電ができないと，ピーク時の電力供給が不足するという「下げ代不足」である。電力会社のエリア全体の調整力が不足する場合であり，その結果，北海道では太陽光発電施設の接続制限が起きている。もうひとつは送電線接続点での局所的な問題であり，適正電圧超過と逆潮流，熱容量超過などの問題により，接続点が変更され，発電事業者側に追加負担が発生する。日本はドイツなどと異なり，接続点での受け入れ可能容量がたりなくとも，電力会社に系統増強を行う義務がないために，こうした理由で送電線接続拒否が起きる。以上の問題解決には，電力需給が少なく送電網が脆弱なために風力の導入が進まない地域，特に道北地域については，送電網の充実の予算が平成25年度に250億円が当てられ，特別目的会社が設立された。さらに電力系統安定用の大型蓄電池実証事業も進められている。

　再生可能エネルギーの優先接続条件に関わるもうひとつの問題は，メガソーラーの受け入れ条件である。北海道電力による大規模太陽光発電の受付は，特別高圧連系の必要な出力2,000 kW以上が87件(156万kW，2013年3月末)あり，3基の原発稼働を前提にした現在の接続受け入れ容量40万kWの4倍に相当する。今後導入拡大が予想される風力発電の送電枠を先に大規模太陽光発電が占めてしまうことになる。

　こうした事態に対して，資源エネルギー庁は，「北海道における大規模太陽光発電の接続についての対応」(2013年4月17日)で3つの対応を公表した。第1に接続可能量拡大のため特定地域に限って接続条件を改正(電力会社の要請による年間30日を超える出力抑制の場合には，損失を電力会社が補償する義務があるが，この補償規定を適用しない)する。第2に大型蓄電池の変電所への世界初導入により再生可能エネルギー受け入れ枠を拡大する。第3に電力システム改革に則った広域系統運用を拡大する。さらに，2013年7月には，省令改正を行い，出力500 kW以上2,000 kW未満の中型設備については，発電事業者が北海道電力の送電設備に接続する権利を保障することになった。これら

の施策により地元の中小事業者の参入を後押しする効果が期待できる。

　以上，FITの実施状況を道内の地域経済から見ると，次のような課題がある。買取価格と期間が保障されても，実質的には買取りは保障されていない。既存の電力インフラと制度に再生可能エネルギーを受け入れる条件が整っていないのである。そのため，北海道に最も期待される風力発電の事業拡大の見通しがFIT実施後もほとんど立っていない。FIT効果により急拡大するメガソーラー事業は地元資本の参加，建設工事への参加も少なく，このままではたんなる用地提供に終わる可能性が高い。ようやく発足した日本のFITだが，その真価が問われる。

3. 北海道における再生可能エネルギーのポテンシャルとこれまでの経過

3.1　豊富で多様な北海道のポテンシャル

　環境省調査(環境省，2011)による再生可能エネルギーの地域別導入ポテンシャルでは，北海道は発電容量で5億6,406万kWと，日本全体の1/4を占める。特に風力は陸上，洋上で，日本の各々1/2と1/4を占める。

　北海道の再生可能エネルギーのポテンシャルを詳しく見ると，道内の風力発電可能地(陸上風速5.5m/s以上)すべてに発電機を設置した場合の年間発電量は，風力発電のポテンシャルの1割を利用しただけでも，道内電力消費量のほぼ全量をまかなうことができる(図1シナリオ1-3，シナリオ2参照)。

　さらに詳しく北海道の地域ごとの再生可能エネルギーについて分野別ポテンシャルを見ると(表2)，風力発電では檜山，宗谷，留萌が高く，石狩，後志，渡島にも適地が多い。太陽光では平均日射量が多い胆振，日高，オホーツク，十勝，釧路，根室のポテンシャルが高い。バイオマスでは，オホーツク(木質，畜産)，十勝(同前)，上川(木質)，釧路(木質，畜産)，空知(木質)，石狩(食品残渣)の資源量が多い。こうして見ると，北海道における再生可能エネルギーは豊富であるだけでなく，実に多様であり，地域により利用可能なエネルギー資源も異なる。

第4章 再生可能エネルギーと地域経済　83

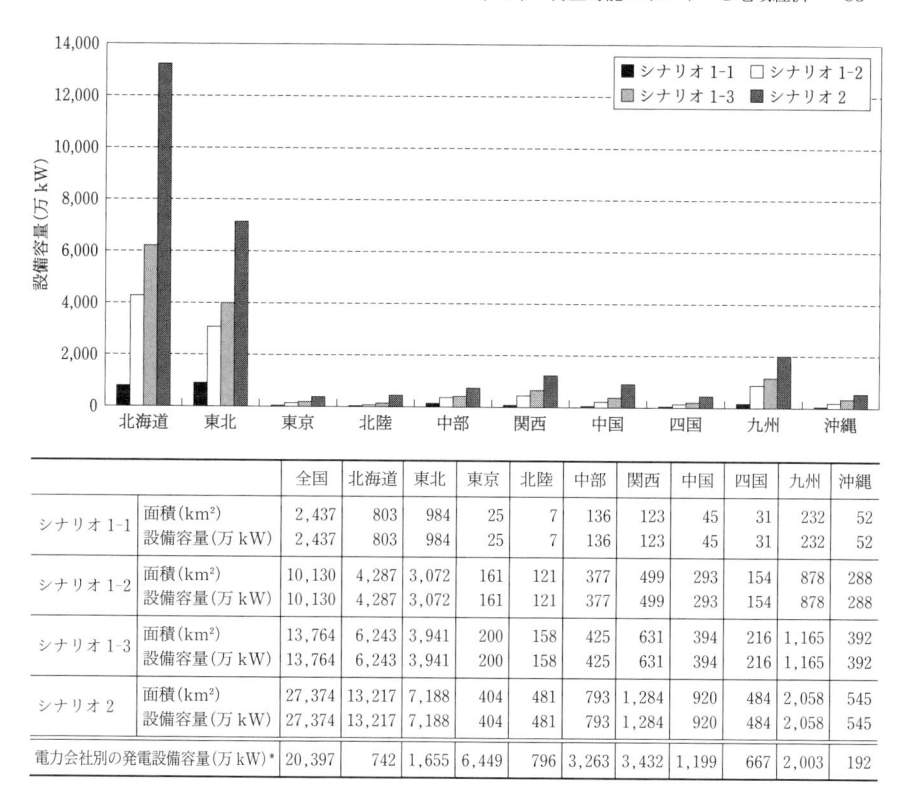

		全国	北海道	東北	東京	北陸	中部	関西	中国	四国	九州	沖縄
シナリオ 1-1	面積(km²)	2,437	803	984	25	7	136	123	45	31	232	52
	設備容量(万 kW)	2,437	803	984	25	7	136	123	45	31	232	52
シナリオ 1-2	面積(km²)	10,130	4,287	3,072	161	121	377	499	293	154	878	288
	設備容量(万 kW)	10,130	4,287	3,072	161	121	377	499	293	154	878	288
シナリオ 1-3	面積(km²)	13,764	6,243	3,941	200	158	425	631	394	216	1,165	392
	設備容量(万 kW)	13,764	6,243	3,941	200	158	425	631	394	216	1,165	392
シナリオ 2	面積(km²)	27,374	13,217	7,188	404	481	793	1,284	920	484	2,058	545
	設備容量(万 kW)	27,374	13,217	7,188	404	481	793	1,284	920	484	2,058	545
電力会社別の発電設備容量(万 kW)*		20,397	742	1,655	6,449	796	3,263	3,432	1,199	667	2,003	192

図1　陸上風力の電力供給エリア別のシナリオ別導入可能量分布状況(環境省，2011より)．
＊電力会社別の発電設備容量は，北陸電力 FACT BOOK 2010 の 2009 年度データを基としている．

3.2　これまでの開発経過

　北海道における FIT 施行以前の再生可能エネルギーの導入経過を見ると，風力，太陽光，バイオマスともに，新エネルギー・産業技術総合開発機構 (NEDO) など設備補助金制度の利用によるものが中心的な役割を果たしてきた．それに加え，RPS や余剰買取の制度もあったが，FIT 施行前には，本格的な普及と持続的運転を十分に保障するものではなかった．
　まず，**風力発電**については，NEDO 補助事業の役割が非常に大きかった．1999 年からの NEDO 新エネルギー事業者支援対策事業や地域新エネルギー導入促進事業など，初期の自治体の風力発電事業と民間の風力発電事業とも

表2 北海道管内別の新エネルギー賦存量の特徴。総合振興局・振興局別の新エネルギー賦存量

縁の分権改革推進会議(2011.3)「再生可能エネルギー資源等の賦存量等の調査についての統一的なガイドライン」などを基に試算。資料:「北海道省エネルギー新エネルギー推進行動計画改定有識者検討会議 平成24年度第1回部会資料。太陽光(平均日射量):管内市町村ごとの日射量の加重平均値。風力発電:推し地上高80mで風速5.5m/s以上となるエリアに一定間隔で発電機を設置した場合に得られる発電量(年間平均風速、管内市町村ごとの加重平均値)。中小水力発電:河川、農業用水、上下水道による発電量合計値。バイオマス:畜産廃棄物、汚泥、食品残渣、木質系バイオマスによるバイオガス発生量に基づく熱量

灰色部分:上位6位

総合振興局・振興局	太陽光 (平均日射量) (kWh/m²day)	風力発電 (Gwh)		中小水力発電 (Gwh)	バイオマス (GJ)	管内別のポイント
			年間平均風速 (m/s)			
空知	3.61	61,281	3.03	590	8,199,486	中小水力、バイオマス(特に木質系バイオマス)の賦存量が大。
石狩	3.72	64,081	3.67	355	4,844,132	平均風速が大。バイオマス(特に食品残渣)の賦存量が比較的大。
後志	3.44	51,851	3.66	619	2,748,195	平均風速が大きく、中小水力発電のポテンシャルがある。
胆振	3.78	42,418	2.93	244	4,428,211	年平均日射量が大きい。
日高	3.77	65,572	3.06	1,784	1,680,719	中小水力発電のポテンシャル高く、年平均日射量も大きい。
渡島	3.57	60,225	3.57	365	3,261,208	平均風速、中小水力発電の賦存量が比較的大。
檜山	3.35	47,880	4.14	273	1,714,190	立地可能場所が限られるが年間平均風速は大きくポテンシャルが高い。
上川	3.52	113,430	2.18	1,712	9,955,809	中小水力発電のポテンシャルが大きく、バイオマス(特に木質系バイオマス)が大。
留萌	3.45	64,847	3.67	48	1,780,493	年間平均風速が大きく、ポテンシャルは高い。
宗谷	3.51	113,714	3.85	4	3,475,064	年間平均風速が大きく、ポテンシャルは高い。
オホーツク	3.85	159,576	2.34	200	13,485,787	年平均日射量が大きく、木質系・畜産系バイオマス(ガス)の賦存量は大。
十勝	4.07	75,379	1.93	2,198	13,261,596	太陽光、中小水力、バイオマス(木質系・畜産系)が何れも大きい。
釧路	3.97	82,027	2.95	182	7,316,164	年平均日射量が大きく、木質系・畜産系バイオマス(ガス)の賦存量は大。
根室	3.85	70,357	2.76	32	2,951,132	年平均日射量が大きい。また、畜産系バイオガスのポテンシャルが高い。

NEDO 補助事業によるものが多い。北海道では以下の事例がある。

　自治体では苫前町夕陽丘 3 基(1998〜2000)，寿都町寿の都 3 基(2002〜2003)，風太 5 基(2005〜2007)，江差町ウインドパワー 28 基(2000〜2001)，幌延町オトンルイ 28 基(2000〜2001)，稚内市水道部 3 基，(1999〜2000)，せたな町洋上 2 基(2002〜2004)などである。民間では苫前町ドリームアップ 19 基(電源開発)(2000〜2001)，ユーラスエナジー苫前 20 基(1999〜2000)，浜頓別町ユーラスエナジー浜頓別 4 基(2000〜2001，2005)，石狩市グリーンファンド 3 基(2004，2006〜2007)がある。

　NEDO 補助金は当初設備費の半額程度であり，残りを自治体や民間事業が自己負担し，かつ設備の維持管理費用も負担しなければならなかった。**太陽光発電**にも，NEDO 補助金が，学校や公共施設向け設備として使われた。**バイオマス，バイオガスプラント**建設では，NEDO だけでなく，農林水産省と道の中山間地域総合整備事業などの補助金が多く使われた。

　また北海道電力の RPS による電力買取は，目標達成後には買取単価も安くなり，買取量も制限され，再生可能エネルギー事業の経営を困難にした。

4. 地域からの挑戦

4.1　風力発電
(1)現状と課題

　風力エネルギーのポテンシャル日本一の北海道で，とりわけ好条件とされる日本海沿岸や宗谷岬，根室半島は，風雪の厳しい地域である(図 2)。冬季はもちろん，地域特有の季節風が農漁業の妨げとなる。昔からの悩みの種のこの風を逆転の発想で事業化させたのが，北海道の風力発電である。2000 年前後には，道内各地で自治体や大手の電力事業者，商社などが相次ぎ風力発電事業に参入し，風力発電先進地を誇った北海道であるが，現在では総発電出力で青森県に次ぎ全国第 2 位に甘んじている。

　設置状況を見ると(表 3)，道内 52 発電所のうち，約 7 割が民間企業の設置，残りが自治体の設置である。最も立地条件の良い宗谷岬のある稚内市，日本海側の幌延町，苫前町，寿都町，せたな町，江差町と，電力事業者や町営

86　第II部　再生可能エネルギーの現状と北海道における可能性

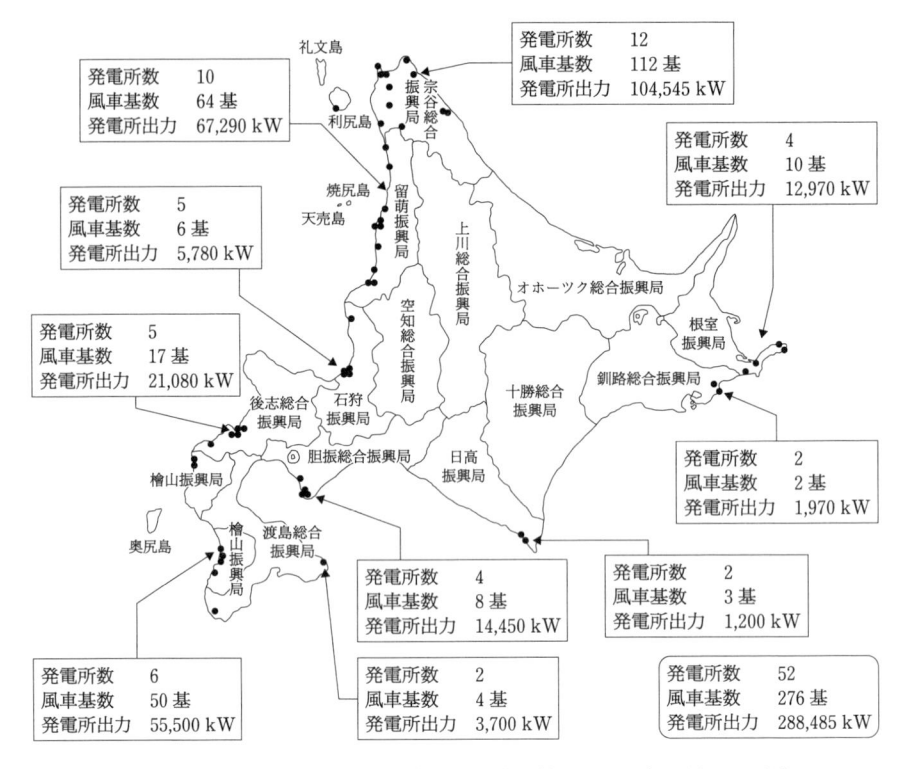

図2　北海道における風力発電の振興局別設置状況。2012年3月31日現在

（第3セクターを含む）のウインドファームがあり，太平洋側では根室市と伊達市などにまとまって立地している。風力発電機の基数は少なくないものの，小型で古いものが多く，2005年当たりを境に設置台数の伸びは見られない。その原因のひとつは，風力発電のポテンシャルの大きな道北地域が，農林水産業中心で人口密度が低く，電力消費地の都市部と繋ぐ送電線も脆弱で受け入れ能力が不足しているためである。しかも，本格的な風力発電事業が開始され，さらにそれを大きく上回る風力ポテンシャルがあるとわかっていながら，問題は15年近く放置されてきた。

　北海道の風力発電事業停滞のもう1つの原因は，RPSでの売電価格が低いことに加え，導入初期の外国製風車の故障やメンテナンスが，事業者の経営を圧迫したことである。2000年前後に導入された風力発電機は建設から

すでに10年以上たち，目覚ましい風力発電技術の進歩を考えると，リパワーによる大型機への更新も検討されて良い時期であり，今後の課題である。

北海道産業保安監督部の「北海道における風力発電の現状と課題」(平成23年度，28頁)によれば，現在の課題として，設備面では「機器の信頼性向上」として，外国製発電機部品の入手困難，機器の故障が多い，などがある。運転保守管理面では，製造者の対応(旧メーカー機種について，現メーカーの理解不足，部品供給に時間がかかる)，維持管理費用の低減(海外からの調達なので高額)，運転メンテナンス体制(人員不足，修理会社が少ない)など，初期に外国から導入した機器のメンテナンスにかかる問題が共通に指摘されている。これらから明らかなように，国産の風力発電機が求められている。

これに対して，北海道には風力発電機メーカーの日本製鋼所室蘭製作所があり，さらに道内ユーザーとのフィードバックを強める必要がある。道内の機械メーカーへの間接的需要もあり，メンテナンス専門会社も育成されているが，道内の需要に対応した体制づくりが求められる。世界の風車メーカーでトップのデンマーク・ベスタス社やドイツのエネルコン社が，国内ユーザーとのフィードバックを通じて，製品改良とメンテナンスシステム構築に取り組む姿勢に学ぶべきである。

FIT施行後の現在，投資の90％以上が太陽光である。他方，再生可能エネルギーの本命としての風力発電は，立地建設にともなう調査や環境アセスメントに要する時間と費用に加え，かつ建築基準も一般ビル並みの耐震性を求められ，送電線不足により電力会社との調整がつかないなど，多大な困難に直面している。国として再生可能エネルギー拡大の目標を確定し，それを実現すべく条件整備を着実に実施する必要がある。FITによる価格保障のみならず，買取りの前提となる各種インフラ整備が進められなければ，再生可能エネルギーの本格的拡大は実現できないことを銘記すべきである。

(2)日本の風力発電のパイオニア苫前町

日本海の夕陽の美しい丘に町営3基，海沿いの町営牧場に現ユーラスエナジー20基と電源開発系19基，合計42基(総出力5万2,800 kW)の風車が1998〜2000年に建設され，日本初の本格的なウインドファームとして操業を始

表3　北海道における風力発電設備・導入実績(2013年3月末現在)
資料：風力発電推進市町村全国協議会

市町村名	総発電出力	設置基数	運開年月	設備内訳	発電所名：会社名：目的	風車メーカー
稚内市	76,355 kW	74基	1998. 2	400 kW×2	㈱稚内風力発電研究所(エコパワー)：売電	Micon
			1998.10	225 kW×1	稚内公園風力発電所：市/NEDO：施設電源&売電，燃料電池4	Vestas
			2000.12	660 kW×3	稚内ウインドファーム：市(稚内市水道部)：施設電源&売電	Vestas
			2001.12	750 kW×2	㈱稚内ウインドパワー(エコパワー)：売電	Micon
			2001.11	1,650 kW×9	さらきとまない風力㈱(丸紅㈱)：売電	Vestas
			2005.11	1,000kW×57	宗谷岬ウインドファーム：㈱ユーラスエナジー宗谷：売電	三菱重工業
利尻町	250 kW	1基	2001.11	250 kW×1	利尻カムイ発電所：北電	三菱重工業
猿払村	1,200 kW	2基	2001. 6	600 kW×2	井の三猿払風力発電所：井の三風力発電㈱：売電	Micon
浜頓別町	4,960 kW	5基	2001. 8	990 kW×1	㈱北海道市民風力発電：市民風力発電所・浜頓別：売電	BONUS
			2001.12	990 kW×3	浜頓別ウインドファーム：㈱ユーラスエナジー浜頓別：売電	BONUS
			2005. 9	1,000 kW×1		三菱重工業
幌延町	21,480 kW	30基	1999.12	230 kW×1	サロベツ発電所：北電：実証試験	Enercon
			1999.12	250 kW×1		Fuhrlander
			2002. 2	750 kW×28	幌延風力発電所：幌延風力発電㈱(3セク)：売電	Lagerway
天塩町	2,400 kW	3基	2001 .9	800 kW×3	天塩風力発電所：M&Dグリーンエネルギー㈱：売電	NORDEX
遠別町	2,970 kW	3基	2001. 9	990 kW×3	遠別ウインドパーク：㈱ユーラスエナジー遠別：売電	BONUS
興部町	600 kW	1基	2001. 3	600 kW×1	オホーツク農業科学研究所発電所：町/NEDO：施設及売電	DeWind
羽幌町	800 kW	2基	1998.12	400 kW×2	オロロン風力発電所：エコパワー㈱：売電	Micon
苫前町	52,800 kW	42基	1999. 3	600 kW×2	苫前夕陽ヶ丘風力発電所：町：余剰売電	NORDEX
			2000.12	1,000 kW×1		BONUS
			1999.11	1,000 kW×20	苫前グリーンヒルウインドパーク：㈱トーメンパワー苫前：売電	BONUS
			2000.12	1,500 kW×5	苫前ウインビラ発電所：㈱ドリームアップ苫前：売電	Enercon
			2000.12	1,650 kW×14		Vestas
小平町	3,460 kW	5基	2001. 4	740 kW×4	CEFオロロンウインドファーム㈱：売電	Lagerway
			2001. 5	500 kW×1	小平オンネ風力発電所：道企業局/NEDO：施設電源及売電	Enercon
留萌市	5,360 kW	10基	1998. 2	400 kW×2	留萌風力発電研究所(エコパワー)：売電	Micon
			2000. 2	400 kW×4	留萌第2発電所：エコパワー㈱：売電	Micon
			2002. 2	740 kW×4	礼受風力発電所：エコパワー㈱：売電	Micon
石狩市	5,780 kW	10基	1997. 9	80 kW×1	石狩川放水路管理センター発電所：道開発局：余剰売電	Tacke
			2001. 7	450 kW×2	厚田風力発電所：エコパワー㈱：売電	DeWind
			2005. 2	1,650 kW×1	「かりんぷう」：いしかり市民風力発電(北海道グリーンファンド)：売電	Vestas Wind System
			2005. 2	1,500 kW×1	「かぜるちゃん」：グリーンファンド石狩：売電	Vestas Wind System

市町村	合計出力	基数	運開年月	出力	名称：事業者：用途	機種
石狩市			2007. 9	1,650 kW×1	市民風力石狩発電所：NPO北海道グリーンファンド：売電(1,670 kW機)	Vestas Wind System
			2011. 2	16 kW×1	㈱シグナスエナジー風力発電所：㈱シグナスエナジー：売電	WIND-SMILE
			2011. 2	16 kW×1	㈱WIND-SMILE：売電	WIND-SMILE
			2011. 2	16 kW×1	㈱lea 風力発電所：㈱lea：売電	WIND-SMILE
			2011. 2	16 kW×1	㈱JFM 風力発電所：㈱JFM：売電	WIND-SMILE
根室市	13,130 kW	10 基	2001. 4	750 kW×1	根室歯舞風力発電所：エコパワー㈱：売電	Micon
			2001. 2	700 kW×2	ノッカマップ風力発電所：ノッカマップウインドパワー㈱：売電	Lagerway
			2002.11	1,500 kW×1	根室花咲風力発電所：北海道クリーンエナジーファクトリー㈱	Tacke
			2004.12	1,500 kW×5	CEF 昆布盛ウィンドファーム㈱：売電(6号機：増設：2,500 kW機)	GE Wind Energy
			2007. 6	1,980 kW×1		GE Wind Energy
浜中町	1,970 kW	2 基	2000. 4	600 kW×1	ふれあい交流・保護センター発電所：町/NEDO：施設電源&売電	三菱重工業
			2006. 3	1,370 kW×1	NPO 浜中風力発電所：売電(1,500 kW機)	GE Wind Energy
泊村	850 kW	3 基	1993.11	250 kW×1	2001年運転停止(1枚羽根)	Riva Calzoni
			1993.10	300 kW×1	ほりかっぷ発電所：北電：実証試験用(2枚羽根)	IHI
			1993.11	275 kW×2		三菱重工業
寿都町	11,980 kW	11 基	1989. 4	16.5 kW×5	(寿都風)風力発電施設)：町：中学校への電力供給　2006.04.01 廃止	ヤマハ
			1999. 4	230 kW×1	寿都温泉ゆべつのゆ風力発電所：町：売電	Enercon
			2003.12	600 kW×3	寿の都風力発電所：町：売電	Enercon
			2007. 8	1,990 kW×5	風太風力発電所：町：売電	Enercon
			2012. 3	2,300 kW×2	風太風力発電所−2：町：売電	Enercon
島牧村	4,500 kW	6 基	2000. 6	750 kW×6	島牧ウインドファーム：はまなす風力発電㈱：売電	Micon
せたな町	14,400 kW	10 基	2000.12	600 kW×2	瀬棚マリンタウン風力発電所：エコパワー㈱：売電	三菱重工業
			2003.12	600 kW×2	瀬棚町洋上風力発電事業：町：売電	Vestas
			2005.12	2,000 kW×6	瀬棚臨海風力発電所：㈱グリーンパワー瀬棚(電源開発㈱)：売電	Vestas
室蘭市	4,940 kW	4 基	1998.10	490 kW×1	室蘭市祝津風力発電所：市：橋梁施設ライトアップ及売電	三菱重工業
			1999. 4	1,000 kW×1		三菱重工業
			2006. 7	1,500 kW×1	茶津第二風力発電所：室蘭新エネ開発㈱：売電	日本製鋼所
			2007. 9	1,950 kW×1	茶津第一風力発電所(2,000 kW機)	日本製鋼所
伊達市	10,000 kW	5 基	2011.11	2,000 kW×5	伊達ウインドファーム：㈱ユーラスエナジー伊達：売電	日本製鋼所
えりも町	1,200 kW	3 基	1996. 9	400 kW×2	㈱えりも風力発電研究所(エコパワー)：売電	Micon
			2000. 4	400 kW×1	えりも小学校風力発電所：町/NEDO：小学校へ供給	Micon
江差町	21,800 kW	30 基	1998. 5	400 kW×2	㈱追分ソーラン風力発電研究所(エコパワー)：売電	Micon
			2002. 2	750 kW×28	江差風力発電所：江差ウインドパワー㈱(3 セク)：売電	Lagerway
上ノ国町	1,000 kW	2 基	1998.12	500 kW×2	上ノ国町風力発電所：町/NEDO：アワビ及余剰売電	三菱重工業
函館市	2,900 kW	2 基	2002. 3	1,500 kW×1	恵山風力発電所：市：売電(旧恵山町)	Fuhrlander
			2002. 3	1,400 kW×1		Fuhrlander
松前町	1,400 kW	3 基	2000. 3	400 kW×2	松前風力発電所：エコパワー㈱：売電	Micon
			2001. 2	600 kW×1	WED 松前風力発電所：㈱風力エネルギー開発	Tacke
合計	288,409 kW	280 基				

めた。以後15年以上，ほぼ順調に操業を続け，パイオニアとして想定外の経験を含む，ウインドファーム運営の課題も明らかになった。

　第1に風況調査の問題であり，設備利用率が町営の場合，予想では30％のところ，実際には20％前後であった。地形により夏には風が弱く，海岸の崖下から吹き上げる風や風車同士の重なりなども風車の効率低下に繋がる。立地前調査の重要性が明らかになった。

　第2に設備の故障が予想以上に多く，メンテナンスも含め，発電機が高所にあるため，クレーン作業などに費用を要した。また発電機を多極化して故障や騒音の原因となる増速機をなくしたギヤレス風力発電機の優位性も示されている。

　第3にバードストライク(野鳥の衝突事故)が，特に海岸近くに立地する発電機で，事前調査の予想を超えて多数発生している。継続的な調査が実施されているので，今後の立地に活用されることが期待される。

　地元経済と雇用では，現在は42基で9人の雇用があり，風力発電機の数と規模がより大きくなれば，さらに多くの通年雇用の可能性がある。また町営風力発電では売電以外に，風車で生産したエネルギーを地域で消費することでエネルギー購入費が町外に流出するのを減らすとともに，新事業を起こすことで雇用に繋げたいと考えている。具体的な事業としては，風力発電の電力で水素燃料を製造して，熱電併給施設や燃料電池車に供給することを検討している。

(3) 地方財政危機打開の寿都町営風力発電

　同じ日本海沿岸でも，渡島半島のつけ根に位置する寿都町では，冬の西風に加えて，春から夏は太平洋側の長万部町・黒松内町方面から「出し風」という強い東風が吹き，これが農漁業の妨げとなる悩みの種であった。これを寿都町は，逆転の発想で町財政を支える町営風力発電事業へと発展させた。1989年，全国でもいち早く中学校にヤマハ製2枚羽の風車82 kW 5基を設置，照明用電力として自家利用しようとしたが，事前調査が不十分で稼働率は低かった。そこで町独自に事業性を調査し，町営温泉施設「ゆべつの湯」に，中山間地域農村活性化総合整備事業補助金により町としては500万円の

投資でエネルコン社製風力発電機 230 kW を 1 基設置した。この発電機の運用で実績を積み，事業化の見通しを立てた。初期投資額の大きな風力発電建設に，厳しい町財政をやり繰りして，NEDO の補助金などを活用しつつ，2003 年のエネルコン社製 600 kW 3 基の操業開始から 2007 年，2011 年と増設を重ね，合計 1 万 6,350 kW，11 基とステップ・バイ・ステップで事業を発展させてきた。現在，発電所の設備稼働率 97％，設備利用率 26.5％の好成績を収めている。

経営面では，2003 年からの 9 年間で事業収入 45.9 億円のうち電気事業債 21 億円と売電収入 13.4 億円，支出 45.7 億円のうち風力発電事業費 31.2 億円と一般会計繰出金 5.3 億円に長期元利償還金が 5.4 億円ある。売電収入は年ごとに変動はあるものの，2009 年には 3 億円近くになった。FIT 適用により売電収入は年 3.7 億円程度に改善されるという。

寿都町の風力発電事業がこれほど成功を収めた最大の要因は，厳しい町の財政を事業収益で支えるという目的が明確であったことであり，事業性が十分検討されたことである。外部事業者の風力発電所を誘致するだけでは，だんだん減っていく固定資産税には頼れないし，その分交付税が減らされる。現在年間 2 億円から 800 万円規模の一般会計への繰出金は，漁業向けの磯焼け対策など町の産業振興策にも使われる。

事業性という点では，当初は風力発電に関心のあった北海道電力の助言で，高価だが信頼性のあるドイツ・エネルコン社製風力発電機を導入したことも成功の要因である。エネルコン社のギヤレス式の発電機は故障が少なくメンテナンスが容易という定評があり，日本では日立と協力して維持保守の体制を敷く。寿都町は最初のヤマハ製以外は一貫してエネルコン社製を採用し，これが順調な操業を支えている。最後に，風力発電所の段階的拡張にともなって，北海道電力と粘り強く交渉し，近年の厳しい受け入れ抑制のなかで，2011 年の 2 基増設の際に蓄電池導入を余儀なくされた。今後の課題は，優先接続の実施と送電線増強によるさらなる事業の拡大である。

⑷日本初の洋上風力に取り組むせたな町

道南せたな町の町営風力発電事業は，中止された海洋深層水開発とセット

で開始され，結果的に日本初の洋上風力発電となった。港の東外防波堤近くに建設され，風は平均 10 m/s と強く，平均設備利用率は 34％と高い。また日本唯一の洋上風力発電として注目されて観光資源に役立ち，騒音問題はないものの，メンテナンスには港から船で 10 分ほどの距離と手間がかかる。

　事業としては，ベスタス社製風力発電機 600 kW 2 基に加え，基礎工事に 2 倍の 2 億円もかかり，総工費 6 億 9,000 万円，そのうち NEDO からの補助金が 3 億 1,000 万円，残りは起債とした。その起債償還費用が 3,400 万円/年，修繕費用 110 万円，メンテナンス委託料 370 万円，損害保険料 210 万円(落雷などに適用)などがかかり，売電収入 3,300 万円(2010 年度)に対して年間 1,000 万円の赤字になる。売電は北海道電力との契約で，RPS により操業開始の 2004 年から 17 年間約 10 円/kWh の買取が保証されていたが，FIT の適用により 17〜18 円/kWh となり，赤字はほぼ解消された。しかし今回の FIT には洋上風力発電の制度がなく，陸上と同じ低い価格に据え置かれた。せたな町は，寿都町と同様に，冬だけでなく春から夏の「やませ」(東風)が吹く，風力発電には好適の地域なので，今後は民間企業の進出を町としては望んでいる。

(5) 日本の市民風車のパイオニア北海道グリーンファンド

　自治体や企業によるウインドファーム建設が進むなかで，北海道グリーンファンドは原発に頼らない地球温暖化対策として，市民による風力発電所建設を目指した。第 1 号「はまかぜちゃん」(浜頓別町)建設のため，グリーンファンドの出資で発電事業者の㈱浜頓別市民風力発電を設立した。同社が匿名組合契約で 217 名の市民から発電事業の利益分配を条件に，資金提供を受け，総事業費の 8 割(風車 1 基建設費約 2 億円を含む)を調達した。同社は金融機関からの融資の受皿ともなり，北海道電力と売電契約を結んだ。「はまかぜちゃん」は北海道内でも早期の建設で売電価格も高く，故障も少なく，風況の良い立地に恵まれ，操業も順調であった。この 1 号機がその後の市民風車のモデルとなり，これまでに北海道グリーンファンドだけでも，合計 4,000 人の出資者による 14 基の市民風車を運営している。ただし，すでに述べた北海道の電力事情により，道内での事業展開は大きく制約されている。

4.2 太陽光発電

　北海道は積雪寒冷地であるため，太陽光発電には向かないと見られてきたが，太平洋側や十勝地方などでは，日照時間が多い。むしろ太陽光パネルに半導体が利用されているので，夏も冷涼な北海道の方が太陽光発電に適している。これを実証したのが，NEDOによる稚内メガソーラー発電所の研究プロジェクト（現在は稚内市に移管）である。2006〜2011年に実施され，14 haの広大な敷地に3通りの傾斜角を持つ架台を設け，そこに5種類の太陽光パネル 28,500枚，総出力5 MW が設置され，積雪寒冷・強風といった厳しい条件下でメガソーラーに関わるさまざまなデータがとられた。また系統安定化の実験に NAS 電池 1.5 MW も設置された。これが北海道におけるメガソーラーの始まりである。2011年には北海道電力が火力発電所に隣接して出力1 MW の伊達太陽光発電所を開設した。それが，すでに述べたように，FIT 実施前後から，特に，まとまった土地が安価に入手できるという理由で，メガソーラーの北海道への立地が進んでいる。

　太陽光パネルは，個人が所有する場合には，エネルギー消費者が生産者ともなり，地域分散型のエネルギー・システムへの手がかりとなる。しかし，外部事業者によるメガソーラー立地には，土地の広さと安い地代，日照条件だけが問題とされ，地域への雇用効果もあまりない。

浜中農協のメガソーラー

　地域での太陽光発電の取り組みとして注目されるのは，道東の浜中農協である。浜中農協は，独自の品質検査システム確立により，ハーゲンダッツアイスクリーム用に高品質の原料乳を提供している。環境保全型酪農は，浜中農協の柱であり，植林やバイオガス活用などに取り組むことで，森林伐採や家畜ふん尿による汚染，農業機械の化石燃料消費による二酸化炭素排出など環境破壊に繋がる酪農の現状を変えようとしている。そうした取り組みの一環として，2010年度までの補助金制度を使い，105戸の農家・関連施設に各々 10 kW の京セラ製の太陽光発電設備を設置し，全体としてメガソーラーとなった。2011年度の成果として，50％の自家消費と50％の売電実績

に加えて，各戸の省エネ(平均15%節電)が進んだ。年間の出力変動は小さく，地域特有の霧の影響も少ない。FIT実施前の2010年度からの買取価格24円/kWhでも，補助金を差し引いた投資は6〜7年で回収できる見込みである。農家1戸当たり年間20万円程度の電気代節約となる。農家の経営支援だけでなく，「世界初のメガソーラー設備による自然エネルギー酪農」として，牛乳のよりいっそうのブランド力向上を目指している。

4.3 畜産系バイオガスと林業系バイオマス

畜産系バイオガスとは，家畜ふん尿を主原料に，飼料残渣や食品加工の残渣など有機系廃棄物を加えて発酵させ，発生させたメタンガスである。このガスを熱電併給設備の燃料とすることで，電気と熱を生産できる。また林業系バイオマスとは，林業で発生する間伐材や製材工場の木屑・廃材などであり，同じく熱電併給設備の燃料とすることで，電気と熱を生産することができる。いずれも農林業の資源循環の一部として，無尽蔵に入手できる資源ではないものの，原料さえ確保できれば，天候などに左右されず安定的にエネルギーを供給できる。また場合によっては，ガスや木質チップとして貯蔵して，必要に応じてエネルギーを供給することもできる。これらの点で，同じ再生可能エネルギーの風力や太陽光とは異なる特性を持ち，それらを補完する役割が期待される。現に畜産業の盛んなデンマークやドイツでは畜産系バイオガスが，林業の盛んなオーストリアでは林業系バイオマスが，再生可能エネルギーの重要な柱になっている。

(1) 畜産系バイオガスの利用

日本では酪農など畜産業の大規模化にともない，今後バイオガスから熱と電気を生産するバイオガスプラントの普及が見込まれる。現在のところ成功したバイオガスプラントは北海道でも数少ない。その目的は，エネルギー生産だけでなく畜産系廃棄物の適正処理や副産物となる液肥の良質な肥料としての循環利用により，環境汚染防止の役割も併せ持つ。このように多目的のバイオガスプラントの操業には独自の技能と経験が要求される。

十勝鹿追町の集合型バイオガスプラント

　人口 5,600 人の十勝鹿追町では 29,000 頭の乳牛・肉牛が飼育され，その家畜ふん尿をすべてバイオガスプラントで処理すると，同町の全電力消費をカバーする電力が生産できる。また酪農・畜産と畑作がほぼ半々とバランスがとれているので，プラントで生産される液肥も町内で十分消費できる。

　鹿追町環境保全センターのバイオガスプラントは，同町の家畜ふん尿発生量の約 1/10 に当たる酪農 11 戸の乳牛ふん尿を処理し，発生するバイオガスからコジェネ発電機 2 基 (108 kW と 200 kW) で電気と熱を生産する。国内最大級の集中型バイオガスプラントとして，2007 年以来順調な操業を続けている。プラント建設の始まりは，市街地周辺の酪農家が散布する堆肥の悪臭であり，市街地住民からの苦情で離農を決意する酪農家もいた。然別湖など同町を訪れる観光客も多い。問題解決には市街地周辺の全酪農家の参加が必要なため，町が集中型バイオガスプラントを提案した。プラント建設には，農家はもとより多岐にわたる関係者の合意形成に基づく協力と役割分担が重要であった。町は，国・道の補助金など資金調達と，また事前調査や仕様設計の段階からプラントメーカーと緊密に連携して，計画の推進役となった。施設管理者は，運転による各種トラブルのリスクを見きわめ，あらかじめ解決策を準備し，また運転の知識と経験の蓄積など能力構築に努めた。

　財政面では，プラント建設費と原料収集運搬車など付帯設備を併せて総事業費 9 億 9,600 万円の 90% 以上が国と道の農業関連の補助金である。これまでの運営収支を見ると，収入の 8 割以上が廃棄物処理とそのリサイクルの液肥販売代金である。支出では設備の修繕関連が半分以上，それに車両運転手の人件費と燃料代が集合型プラントに必要不可欠な支出である。利益は収入の 1 割程度と僅かだが，2013 年度から FIT 認定施設となり，売電代金増加により，大幅な増益となる見通しである。ただし，この利益を積み立てても，農業補助金なしには将来のプラント再建設は難しい。その原因は，プラント設備と専用車両の多くがヨーロッパからの輸入品で高価なこともあるが，バイオガス発電機で電気とともに生産される熱が一部自家消費されるだけで，熱は収入になっていない。デンマークの同じタイプの施設では，電力と熱の販売代金はほぼ等しい。熱の有効利用は日本のバイオガスプラント普及の今

後の鍵を握る。最後に，バイオガスプラントの効用には，悪臭防止や良質な有機肥料の提供，町の二酸化炭素排出抑制など，運営収支には示されないものの，地域の農業と環境を守る大きな公益的機能がある。その点で，バイオガスプラントへの農業補助金の投入は，農業地域の活性化という点から意義のある政策であるといえる。

士幌町の鈴木牧場の個別型バイオガスプラント

鹿追町の隣の士幌町も，酪農業の盛んな地域であり，個別型バイオガスプラントの取り組みが進む。なかでも鈴木牧場は家族3人を中心に6人で乳牛約400頭を飼育する大規模酪農を営む。毎日の搾乳から子牛の哺育まで，最新技術導入による機械化・省力化が徹底している。バイオガスプラント導入も同じ経営方針によるもので，町の実証試験に協力して敷地内にプラントを建設した。ふん尿はフリーストール牛舎の床に設けた投入口に落とせば，地下搬送路を経由し，深さ5 mの発酵槽に集められるので，集合型プラントと違って回収の手間はほとんどかからない。発生したバイオガスをヤンマーのマイクロガスエンジン25 kWで電気と熱に変換する。年間発電量21万kWhのうち自家消費の残り5万kWhを北海道電力に売る。熱は75～80℃の温水にして牛舎で利用する。副産物の液肥は牧場所有の圃場66 haに加えて，敷き藁用麦稈提供やサイレージ用トウモロコシ栽培委託で協力してくれる農家に散布料も含めて300円/トンで販売する。輸入飼料は使用していないという。同農場に見る個別型バイオガスプラント成功の要因は，大規模経営による原料の安定調達，熱の利用と副産物の液肥散布先の確保である。それに加えて，鈴木牧場では地元の農業機械メーカーと協力して，2004年の運転開始から発電機の選定や発酵槽の設計など独自の改良を加え，運営の経験も蓄積してきた。

(2) 林業系バイオマス

長く続く国内林業不振のため，森林に恵まれた北海道でも，林業系バイオマスの活用事例は少ない。

オホーツク海沿岸の北見市から内陸へ峠を越えた山間の津別町は林業の町である。同町に立地する津別単板協同組合と(株)丸玉産業の隣接した工場で

300 人が雇用され，合板に不向きとされた道産トドマツとカラマツを単板からさらに合板に加工して出荷する。周辺 100 km 圏内から原料となるマツ材を収集し，加工すると 4 割が廃材となる。その廃材処理を兼ねて，大型ボイラー(容量 70 トン)と熱電併給設備 4,700 kW (21 億円，設備補助率 25％)を導入し，熱と電力を自家消費することで，重油 3 万 kl の節約となった。設備の発電余力 400 kW 分の電力を北海道電力に販売しているが，これは津別町の大半の世帯の消費電力に相当する。また熱は単板製造工程に通年で必要な蒸気や木材乾燥に利用されるが，容量 70 トンのボイラーの 20 トン分は未利用である。これを地域暖房に利用することもできるが，それには追加の木質バイオマス燃料と暖房用パイプラインなどの専用設備が必要だという。処理に困る廃棄物をエネルギー資源に変えることで，地域の雇用を支え，エネルギー自給を実現できることを示す貴重な成功事例である。

　道北の下川町は人口 3,600 人で，森林面積が町の 88％を占める林業地域である。町と森林組合の連携により，持続可能な循環型森林経営を目指し国有林から払い下げた町有林経営をもとに，安定的な経済基盤と雇用の確保を目指す。その一環として森林資源(間伐材など)の総合的利用と結びつけて木質バイオマスエネルギー利用を行っている。林地残材や河川支障木，エネルギー資源作物として栽培したヤナギなどを木質チップに加工し，製材所の集成材端材などとともにバイオマスボイラーの燃料として，町役場と周辺の公共施設に地域暖房を実施している。また高齢化対応エリアとして開発された一の橋地区(人口 150 人)の集合住宅には木質バイオマス熱電併給施設を導入した。今後さらにこうした取り組みを拡大し，小規模分散型バイオマスエネルギーの活用により 2018 年度までに町のエネルギー自給率 100％達成を目標とする。地域へのエネルギー安定供給とともに，エネルギー購入費の町外流出を防ぐ地域内経済循環強化が目的とされる。これは現在の日本のどの地域にとっても重要な課題である。具体的な計画としては，小学校や中学校周辺でのバイオガスボイラー導入による地域熱供給システム整備や民間製材工場への熱電併給システム導入が検討されている。計画実現にはよりいっそうの住民参与が必要とされるであろう。役場を中心とする半径 1 km 圏内に 8 割の世帯が住む下川町は，地域熱暖房普及の条件に恵まれており，この分野

でパイオニアの役割を果たすことが期待される。

4.4 地　熱
地熱開発──再生可能エネルギーと自然保護の課題

　日本は，世界屈指の地熱資源国である。資源量に比べて遅れた地熱利用促進をはかるため，FIT で売電価格 27.3 円/kWh が認められた。最大の課題は，国立公園内に立地する場合の自然保護との両立である。具体的事例を，北海道大雪山国立公園内の層雲峡白水沢地域における地熱資源開発の現状に見ると，地元の上川町では，1960 年代から地熱開発の長い歴史がある。層雲峡温泉の温泉源拡大の調査がきっかけで，北海道地下資源調査所の 1965 年から 8 年間の正式調査により白水沢地域に有力な熱源が確認された。しかし，1972 年の環境庁と通産省(当時)との「覚書」により，国立公園内の地熱発電開発は全国 6 地点に限定され，白水沢は対象外となった。1988 年に発電以外の熱水利用として，町により大雪エネトピア計画が立てられたが，水利権問題で 1996 年に計画は凍結された。このように，上川町の地熱発電開発には長い経緯があり，最近になって急に浮上したわけではない。

　基本的な問題は，国立公園内の景観保護・環境保全と，再生可能エネルギーとしての地熱利用のあり方について，国の基本方針が不明確なことである。環境省内でも，国立公園管理を担当する自然環境局と，温暖化対策担当の地球環境局との調整が不十分である。ドイツのように，再生可能エネルギー開発の責任が環境省にあるわけでもない。そこに 2011 年 3 月 11 日の福島原発事故が起きて，1 年後の 2012 年 3 月に環境省から通知「国立・国定公園内における地熱開発の取扱いについて」が出されて，一部条件つき緩和となった。その内容は，特別保護地区と第 1 種特別地域は，原則として開発は認めない。第 2 種特別地域と第 3 種特別地域については，条件つきの個別判断により地熱開発を認めるか判断する。その条件とは，関係者との地域における合意の形成，地域への貢献，情報開示，専門家の活用などである。「優良事例」であれば，第 2 種や第 3 種地域では開発を認めるというので，白水沢が候補となった。町のリーダーシップで，地元の協議が行われ，事業予定者(丸紅)による調査が始まった。第 1 段階の調査の結果を受けて，環境

影響評価がある。地熱開発の場合，地元の資金を集めて投資するには，あまりにもコストとリスクが高すぎるという。調査開始から発電所建設まで10年程度かかる息の長いプロジェクトである。地元温泉旅館組合は，「既存のお湯の枯渇に係るのであれば，一切 NO です。温泉メカニズムを先に示して頂ければ参考になるので，是非，調査を実施してほしい」(第3回上川町層雲峡温泉白水沢地区等地熱研究協議会，2013年2月26日)という。これに対して，自然保護団体は「大雪山国立公園は生物多様性が高く，影響を与えないということはないと思う。モニタリングができるかどうかという議論ではなく，自然公園では地熱発電はできないという大きな判断が必要だと思う」(大雪と石狩の自然を守る会，地熱発電シンポジウム，2013年4月20日)という立場である。

　日本国内には，地熱発電所が18か所稼働しており，国立・国定公園内には10か所ある。北海道では道南の森町に北海道電力の地熱発電所があるが，国立公園内ではない。再生可能エネルギーの利用拡大と環境保全の両立という課題は，地熱開発のみならず，風力発電においても抱える問題であり，再生可能エネルギー開発による環境破壊を抑えながら，いかに持続可能な再生可能エネルギー利用を行うか，これは解決を迫られる課題である。

5. むすび

　本章は，FIT 施行前後におよぶ北海道における調査をもとに，地域経済の視点から，再生可能エネルギー利用拡大の条件を考察してきた。再生可能エネルギー利用の取り組みがすでに15年以上になる先進地北海道の経験から，第1に国の主導のもとで FIT を含めた制度枠組み条件の整備，その前提となるエネルギー政策における位置づけと見通し，導入拡大の数値目標が重要である。また FIT 施行後の現状を見ると，その運用条件改善が課題となる。再生可能エネルギーの分野別に地域資源としてバランスのとれた利用をはかるため，買取価格と期間の弾力的運用だけでなく，優先接続の原則を実現する送電線拡充のようなインフラ整備，発送電分離実現の検討が急がれる。こうした国内での再生可能エネルギー拡大策と連携して，関連設備製品や新たな電力システム運用に必要な蓄電池などの製品で，国際競争力ある製

造業育成も望まれる。さらに電力のみが対象のFITからエネルギーの総合利用へと拡大し，地域暖房や熱電併給の計画普及をはかる必要がある。

　ただし以上のような国主導の施策は，あくまで地域の自治体・企業・住民の自主的な取り組みを支えるものである。地域で話し合い，地域の資金を集めて事業を進める仕組みづくりが求められる。ここで札幌農学校2期生・内村鑑三の講話「デンマーク国の話」(1911年，岩波文庫所収)にふれたい。今や再生可能エネルギーと福祉の先進国デンマークも，内村によれば，プロイセンとの戦争で負け領土の一部を失う時代もあったが，人の教育と植林や農業振興など国土の再開発で危機を乗り越えた。そこで，みんなで議論し決定する，民主主義の伝統も培われた。また内村は，太陽光や風力などの再生可能エネルギーに言及し，足元から資源を探すことを提言した。これに学べば，「危機」はチャンスであり，電力危機をきっかけに省エネと再生可能エネルギーを地域再生に活かす道を下からつくり上げていくことが日本の未来を切り開く可能性を生むのである。

[引用・参考文献]
大雪と石狩の自然を守る会. 地熱発電シンポジウム. 2013年4月20日.
第3回上川町層雲峡温泉白水沢地区等地熱研究協議会. 2013年2月26日.
北海道省エネルギー新エネルギー推進行動計画改定有識者検討会議. 平成24年度第1回部会資料. 北海道.
環境省. 2011. 平成22年度再生可能エネルギー導入ポテンシャル調査報告書第4章：85-135頁.
緑の分権改革推進会議. 2011. 再生可能エネルギー資源等の賦存量等の調査についての統一的なガイドライン. 平成23年3月. 総務省.
総合エネルギー調査会基本政策分科会. 2013. 第2回(2013.08.27)提出資料.
寺西・石田・山下編. ドイツに学ぶ地域からのエネルギー転換. 2013年5月1日. 家の光協会.

北海道における持続可能なエネルギーインフラ形成と経済振興

第5章

近久武美

1. はじめに

　私はエネルギー工学関連の研究者であり，経済についてはまったく専門外であるが，エネルギーと経済は切っても切れない関係にあるので，その両方の視点から北海道のエネルギー選択について論じてみたい。
　すでにエネルギー技術は多数確立されているにも関わらず，ほとんどの技術がコストの関係で実用化されておらず，依然として資源消費型のエネルギー利用が継続されている。一方，経済面ではグローバルな競争がより熾烈に繰り広げられており，技術開発と同時に低コスト化による市場獲得競争が行われている。しかし，このような現在の経済原理の延長では，持続可能な社会形成に限界があるように思う。そこで，この問題の解決のひとつとしてエネルギーインフラづくりに市民が投資を行い，それを地域の雇用の増進に結びつけることによって，比較的コスト高な次世代エネルギー技術を普及させると同時に，経済的にも発展した社会が形成できるのではないかと考えている。
　本章では各種エネルギー技術を紹介する一方，基礎的な経済・雇用概念を紹介し，現代社会が抱えているトリレンマに対する打開手法を概説する。なお，こうした概念を国家的なレベルで展開するには多くのコンセンサスが必

要であり，容易ではない。むしろ出資者と受益者が概ね一致する地域単位から成功例を積み上げることが有効と思われる。特に北海道は，食料や再生可能エネルギー資源に富んでおり，北海道から世界に先駆けたエネルギールネッサンスを創出したいと考えている。

2. 現代社会のトリレンマ

ジレンマやトリレンマという言葉がある。どれかひとつを重視すると，ほかがうまくいかないというような関係にあることを意味している。例えば環境やエネルギーも同様な関係にあり，エネルギーを重視すれば，原子力発電所をどんどん建設したり化石燃料を制限なく燃やそうというようなことになる。そうすると，放射性廃棄物処理の問題が増大したり，大気中の二酸化炭素量が増加したりしてしまう。逆に環境を重視して，もっと太陽電池や風力発電をどんどん導入しようと考えると，今度はコストが上がり，経済競争力がなくなってしまう。したがって，どれかひとつを立てると他方がうまくいかず，全部をうまく成立させるような解がなかなか見当たらないということで，現代社会は図1に示すような「トリレンマ」状態にあるといえる。

では，このトリレンマを解決する方策はないのだろうか。私はあると思う。しかし，そのためには現代社会が当然視している経済論自体を見直さなければ

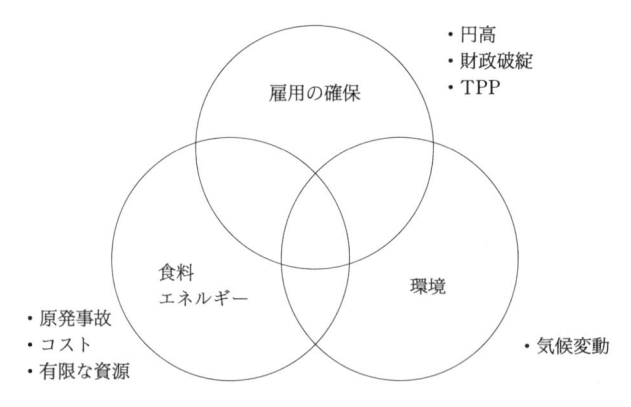

図1 現代社会のトリレンマ状態。現在の仕組みではどれかを重視すると他方が困難となる。

ばならない．技術はすでに多数開発されているのであり，それらが普及するためにはそこに投資する仕組みがなければならない．すなわち，市民が喜んでコスト高なエネルギー技術を受け入れる仕組みが必要なのである．現状ではそのようなことにはならないが，目先の経済を重視した行動をとり続ける限り，世界的な破たんが雇用の面でも生じることになると思われる．我々の多くは現状を打破してくれるような低コストで環境性も良好な夢の技術の出現を望んでいるが，例えそのような技術が発明されたとしても，現在の経済論の延長では持続可能な社会は形成されないだろうと思うのである．

では私が考える現代経済の限界論について簡単に説明することにしよう．図2は過去40年間のわが国におけるGDPおよび最終エネルギー消費量の変化である(資源エネルギー庁HPより)．これによると，過去40年以上にわたって顕著にGDPが増加しており，それと比例するように最終エネルギー消費量が増大している．ここで，両者の相関関係が崩れている期間が1973～1982年ごろに見られ，最終エネルギー消費量が横ばいであるにも関わら

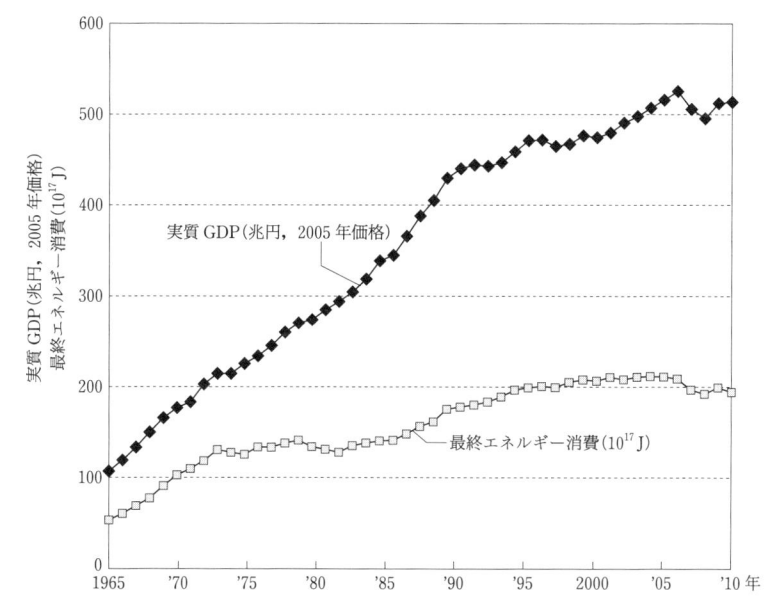

図2 わが国のGDPならびに一次エネルギー消費変化(資源エネルギー庁HPより)

ずGDPが増大し続けている。これはオイルショックによるものであり，一時的に急激に石油の価格が高騰した期間に対応している。このことは全世界が一斉に同様なエネルギー価格高騰影響を受けるならば，エネルギー価格の増大は必ずしも経済活動を後退させないことを示している。

　ここで，GDPは数十年前に比べて著しく増大しているが，国民の幸福感はそれほど増大しているようには思われない。また，常にGDP成長率がプラスとなることが当然であるように考えられているが，果たして永遠にGDPは増大し続けられるのだろうかという疑問も生じる。

　現在，競争がグローバル化しており，わが国が生き残っていくためにグローバルな競争力の維持が日常的に叫ばれている。同様に，規制緩和や競争原理の導入，関税の撤廃による自由貿易の促進が，当然のことのように叫ばれている。

　では，なぜグローバルな競争社会になったのかを考えてみよう。図3に示すように，かつては生産性が低かったために生産力に比べて市場規模が大きく，作れば売れた時代であったと思われる。ところが，生産性の著しい向上によって少数の人間によって多量の製品を製造できるようになり，それに比べて市場規模はそれほど拡大していないために，世界規模で市場を奪い合う状況になったと解釈される。そもそも，我々は「安いことは良いこと」と当

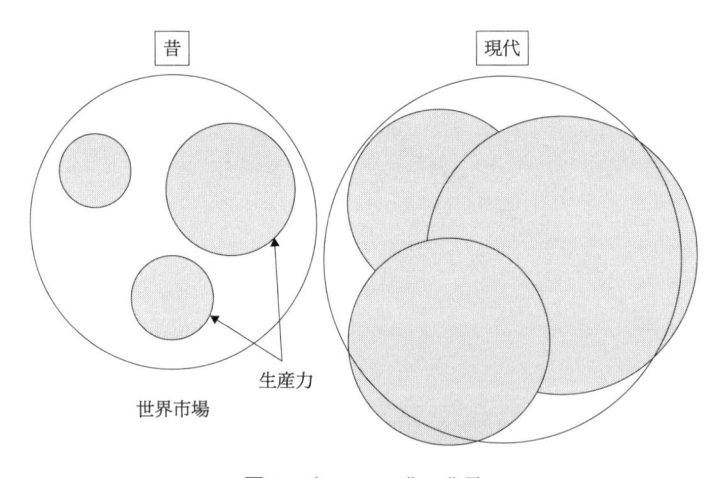

図3　グローバル化の背景

然のように思っているが，それは消費者からの目線であり，コストの大部分は製造や流通に関わった人件費であるので，コスト低減競争は労働者減らし競争そのものなのである。したがって，グローバル競争力を維持するということは労働力コストを極力減らして勝ち残っていくことにほかならない。事実，円高にともなって生産拠点を発展途上国に移し，国内では派遣労働者制度の採用によって労働コストの低減がはかられ，その結果として国際競争力を維持し続けているのである。

　このような競争の行き着く果ては，勝者と敗者，仕事のある者とない者，格差社会の形成であり，僅かの富める者と多数の貧困者からなる社会になるものと思われる。発達した情報化社会では，開発技術は容易に模倣され，コストの安さが勝利の大きな要素になるわけであり，そうするとますます人減らし競争が激化することになる。さらに，わが国のように経済発展を輸出に求めると，努力した分，円高が進行し，国内生産がますます空洞化することになる。

　このように考えると，市場に比べて生産性が著しく増大した現代では，これまで当然のように考えられていた自由貿易・自由競争に限界が生じてきているように思うのである。私自身は経済学者ではないので，これ以上の議論は控えることとし，次節では資源や環境ならびにエネルギー技術について紹介することにしよう。ただし，私が主張するエネルギールネッサンスを説明する上で，第7節において雇用と経済の関係について改めて論じたい。

3. エネルギー資源の有限性と地球温暖化

　まず，エネルギー資源の有限性について見ることにしよう。図4は2009年のBP社の資料による各種エネルギー資源の可採年数を示したものであり，現在の消費速度であと何年資源を採取できるかという年数を示したものである。今後，新たに発見される埋蔵資源があるとこの年数は増加し，消費が現在よりも増大すると可採年数は減少することになるが，概略の資源年数を示しているといえる。これによると，石油はあと50年程度であり，天然ガスも60年ぐらいしか持たないオーダーであることがわかる。また，資源量の

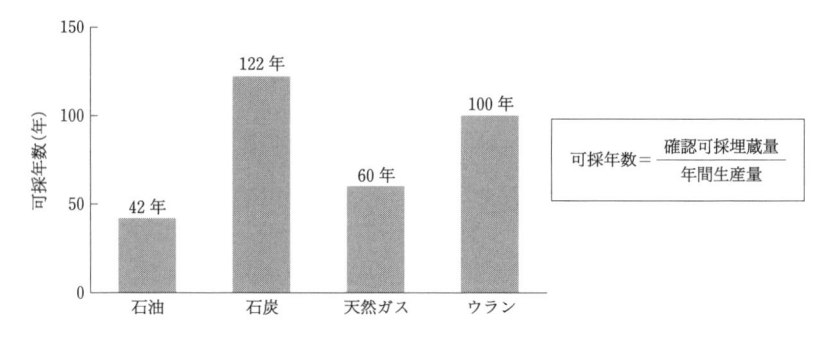

106　第II部　再生可能エネルギーの現状と北海道における可能性

図4　有限なエネルギー資源(資源エネルギー庁 HP より。出所：BP 統計 2009(石油，天然ガス，石炭：2008)，OECD/NEA-IAEA Uranium 2007(ウラン 2007 年))

可採年数 = 確認可採埋蔵量 / 年間生産量

石油 42年、石炭 122年、天然ガス 60年、ウラン 100年

豊富な石炭でも150年以下である。原子力燃料のウランについても100年以下であり，今後世界で原子力発電所の建設が進むと，この年数はさらに減少することとなる。したがって，大雑把にいって我々は，60～70年，あるいは80年ぐらいで，今ある資源をほとんど使い切ってしまうような状況にあるといえる。

　最近，米国やカナダでシェールガスが安価に採掘されるようになり，膨大な資源量があるといわれている。同様にシェールオイルやメタンハイドレードの存在も知られている。このような化石エネルギー資源の発見は我々に一時的な安堵感を抱かせるが，その採掘のためには地下に大量の水を圧入するなどして，地下構造の破壊をもたらしているし，大気中の二酸化炭素の著しい増加をもたらすこととなり，地球環境が破壊されてしまうものと思われる。そもそもこれらの化石燃料は30億年程度の年月をかけて，生物によって大気から吸収され，地中に固定化されたものであるので，これを逆に100年間程度の間に大気に戻すことによる環境影響は破壊的であるといえる。したがって，シェールガスやメタンハイドレードは開けてはならないパンドラの箱なのである。

　ここで，地球温暖化を疑問視する意見があるので，簡単に説明することにしよう。我々はエネルギーをどんどんと消費し，熱に変換しているので温暖化すると考えている人がいるが，この効果は僅かにすぎない。例えば，広い体育館で小さなロウソクを燃やしても体育館の温度はほとんど変わらないの

と同様である。ただし，そのロウソクの極近傍では温度が上昇するので，同様に東京のようなエネルギー消費の大きな大都市ではほかの地域に比べて気温が高くなる。これはヒートアイランド現象と呼ばれるものであるが，これによって地球が温暖化することはほとんどない。これに対して，地球全体が温室のようなビニール膜で覆われてしまったとしたらどうだろうか。当然，地球全体が温室のなかに入ることになるので，気温が上昇することは容易に想像できよう。では，温室はなぜ暖かいかと尋ねると，明快な説明をできる人は意外に少ない。これは温室を形成するビニールやガラスは太陽からの放射エネルギーを透過するものの，温室から外に逃げようとする放射エネルギーの一部を吸収し，温室側に戻してしまう効果があるためである。同様な効果を持つもののひとつが二酸化炭素や水蒸気であるので，化石燃料を燃やして生じる二酸化炭素が大気中に大量に放出されると，地球全体が温室内に包まれてしまうことになる。現に，地球の大気中の二酸化炭素濃度が次第に増大していることを否定する学者はいない。

　こうした大気組成の変化影響を解析するために，世界の科学者により構成されている気候変動に関する政府間パネル(IPCC)がさまざまな角度から解析を行っており，今年発表された第5次評価報告書(第1作業部会(自然科学的根拠))ではきわめて高い確度で地球は人為的な活動によって温暖化し始めていると結論している。ところが，この二酸化炭素の増大が地球温暖化を引き起こしているということに異議を唱える学者がおり，例えば現在の温暖化は人為的な活動によるものではなく，太陽の活動影響や氷河期から回復する地球の長期的なサイクルによるものであるといった論説が見られる。そして，多くの市民が我々にとって不都合な地球温暖化説を受け入れたくないがために，こうした否定的な学者に同調する傾向が強く見られるのである。

　しかし，温暖化する要素が加われば，影響の大小は別として，多少なりとも地球が温暖化するのは当然のことである。私自身は人為的な活動による二酸化炭素濃度の増大によって，地球は温暖化していると考えている一人であり，地球環境の急激な変化を危惧している。その証拠となるひとつのグラフを図5に示した。これは札幌市における過去80年にわたる最高気温，日平均気温および最低気温の年平均値の変化図である。これを見ると，一目で平

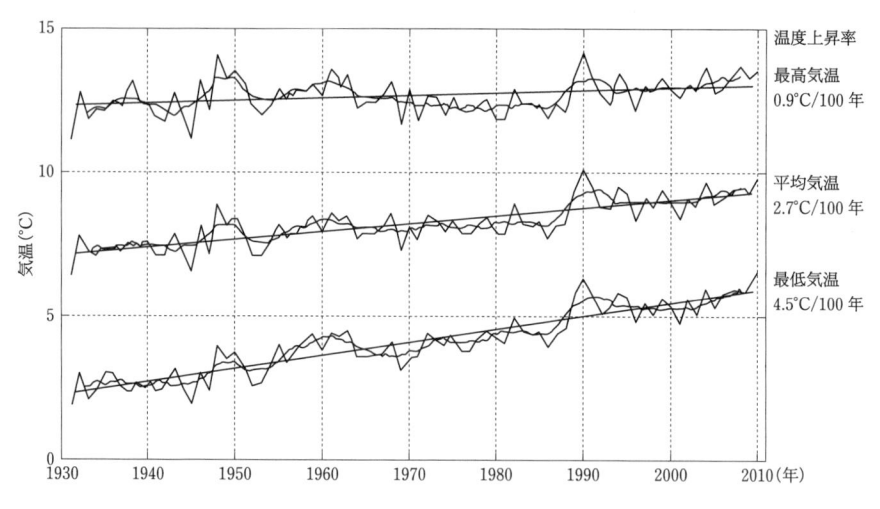

図5 過去100年の札幌の日最高，日平均，日最低平均気温変化（気象庁HPより）

均最低気温の増加率の高さが際立っていることがわかる。もし仮に，地球温暖化が太陽活動や地球の自然な変化サイクルによるものであるならば，最高気温や平均気温の変化が顕著となるはずである。これに対して，最低気温は夜間に地表から宇宙へ放射されるエネルギーと強く関係しており，まさに温室効果ガス影響を示しているものである。この最低気温がなかでも際立って増加しているということは，過去80年の気温上昇が主として二酸化炭素による温室効果現象によるものであることを示しているといえる。

有限な資源や豊かな環境を後世に残し，現状の地球のサイクルのなかで豊かな社会を形成することが持続可能な社会というならば，この有限な資源をどんどんと消費する社会構造からできるだけすみやかに脱却する方策を考えることは当然のことなのである。

4. 各種エネルギー技術

我々はすでにさまざまなエネルギー技術を持っている。例えば，石炭をガス化して高効率な発電を行うIGCC技術や，複数の技術を組み合せて石油や天然ガスから高効率に発電するコンバインド発電技術などがある。また，

高断熱住宅を普及させるというのも技術のひとつであるし，ヒートポンプ(エアコンと同様な機器)で暖房するのも高効率な暖房技術である。さらに北海道に適しているものとしてコジェネレーション技術がある。これは，例えば病院やホテルの地下に発電機を置いて，必要な電力を供給すると同時に，そのエンジンから出てくる熱で温水をつくり暖房や給湯を行う高効率な技術である。最近は家庭でも利用できるような，小さなタイプのものがすでに商品化されている。このほか，太陽電池や風力発電，地熱発電などの技術が確立されていることはいうまでもない。

また，交通部門では電気自動車とハイブリッド自動車の特性を併せ持つプラグインハイブリッド自動車がすでに商品化されているほか，水素で走る燃料電池自動車も開発されている。燃料電池は水素を燃料としたきわめて高効率な発電機であり，脱化石燃料時代の有望なエネルギー変換機と期待されている。現在，水素は天然ガスからの改質で供給されているが，将来的には風力などの再生可能エネルギーの余剰分を水素という形で貯蔵し，運輸部門や分散電源(コジェネレーションなどを含む小型の定置式発電設備の総称)で利用するようになるものと期待される。

一方，カーシェアリングやパーク&ライドというような概念もすでにある。カーシェアリングは皆で車を効率良く共有しようとするものであり，電気自動車の導入に適している。またパーク&ライドは自動車と電車をうまく乗り継いで，省エネルギーな移動形態を形成しようというものである。

このように技術や概念はすでにたくさん確立されているにも関わらず，なかなか普及していないのが現状である。多くの技術は現状よりもコスト高になるし，パーク&ライドは面倒で利用する気にならないのである。ところが，駅前で車を乗り捨てて電車に飛び乗ると，その自動車は係の人が駐車場にしまってくれ，帰りに電車から降りると，自分の車が駅前に用意されているというならば利用上の利便性の問題は解決する。ただし，これに関わる人件費分のコストアップが問題となる。

このように技術や概念はあるものの，コストがその普及を阻んでいる。しかし，後述するようにコストアップは雇用の確保という意味で有意義であるというならば，話は変わってくるはずである。

5. 太陽および風力エネルギーのポテンシャル

再生可能エネルギーとして最も期待できるものの代表は太陽電池と風力エネルギーである。まず，太陽電池は北海道でどのぐらいポテンシャルがあり，必要面積は現実的な範囲内にあるのか，自身で計算してみた。

まず，1kWの太陽電池の必要敷地面積はパネルと周囲の必要面積を合わせて7m²ぐらいといわれている。また，1kW級の太陽電池の価格は関連設備費を含めて63万円程度である。この1kW級の太陽電池を札幌に設置して1年間発電すると，曇りの日や雪の日も含めて年間でおよそ1MWhぐらいの発電をすることになっている。そうすると，大型の100万kW級の原子力発電所1基が稼働率を100％として1年間につくる電力と同等の発電を行うのに必要な太陽電池の敷地面積は約6,100haということになる。直径約9kmの土地が必要となり，必要な太陽電池コストは5.5兆円となる。コストの話は次節で論ずることとし，面積的には苫小牧東部工業団地の面積，あるいは山の手線内側の面積に匹敵することになる。こんな大きな面積を使って，原発1基分というのは不可能だと通常決めつけてしまうのだが，本当に不可能なのだろうか。図6は原子力発電所事故で汚染された地域を中心とした地図上に直径9kmの円を描いたものであり，面積的すなわち物理的には十分に可能な範囲内にあることがわかる。

一方，太陽電池よりも有望なのが風力であり，バードストライク，景観および低周波騒音の問題から将来的には洋上風力発電が有望と思われる。これは洋上に浮かべて錨で固定するものであり，コストは陸上のものの2倍程度となるが，それでも太陽電池よりもかなり割安である。

北海道で1年間に消費している電力を，仮に太陽電池30％，風力70％でまかなうとした場合に必要な面積は，図7のようなイメージとなる。すなわち，直径9kmの面積に太陽電池を並べる一方，ローター回転直径65m級の風車を8列150m間隔で並べ，その8列を150m間隔で全90km並べると，1年分の北海道の電力をまかなえる計算となる。ここで，再生可能エネルギーの変動を吸収したり不足を補ったりするために，当然，変動をバック

第 5 章　北海道における持続可能なエネルギーインフラ形成と経済振興　111

図 6　100 万 kW 級原子力発電所と同等な年間発電量の太陽電池敷地面積（直径 9 km）と原子力発電事故汚染地域の比較（(独)日本原子力研究開発機構，電子国土版より）

アップする火力発電や大規模蓄電設備が必要となる。ヨーロッパでは 2050 年までに 80％程度の温室効果ガス削減目標を検討しており，それにともなって電力貯蔵コストの試算が行われているが，発電設備コストに比べて僅かであり，これが再生可能エネルギーを否定する制約条件とはならない。宇宙船から北海道を眺めると，この図のように太陽電池や風車が並んでいるようすが観察されるわけであり，面積的にはまったく不可能なレベルにはない。後の課題はコストの問題であり，これについては第 7 節で論ずる。

6. 理想社会像

　図 8 は我々の視点によるフォアキャスティング的な見方とバックキャスティング的な見方を示したものである。まず，フォアキャスティング的な見方をすると，現在安くて豊富にあるエネルギーを使った方が楽であり，石油

112　第II部　再生可能エネルギーの現状と北海道における可能性

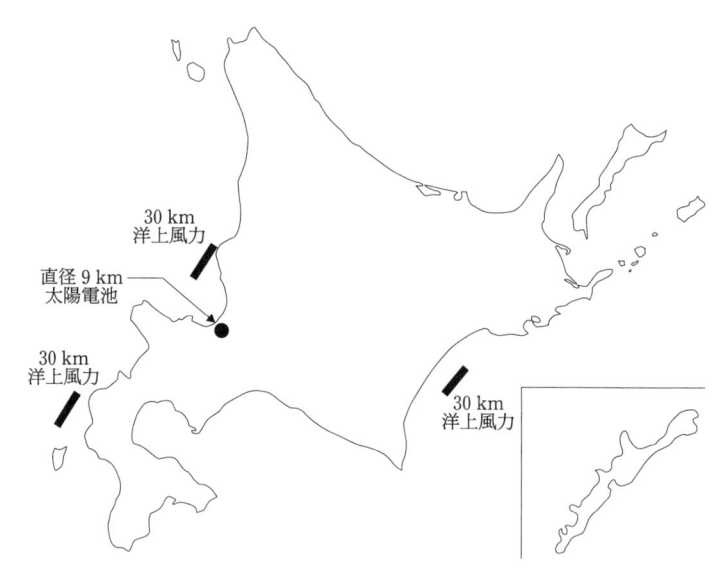

図7　北海道における年間電力消費量を太陽電池30%，風力発電70%でまかなうと仮定した場合の敷地面積（ただし，変動影響は考慮していない）。直径65m級の風車を8列150m間隔で並べると仮定している。

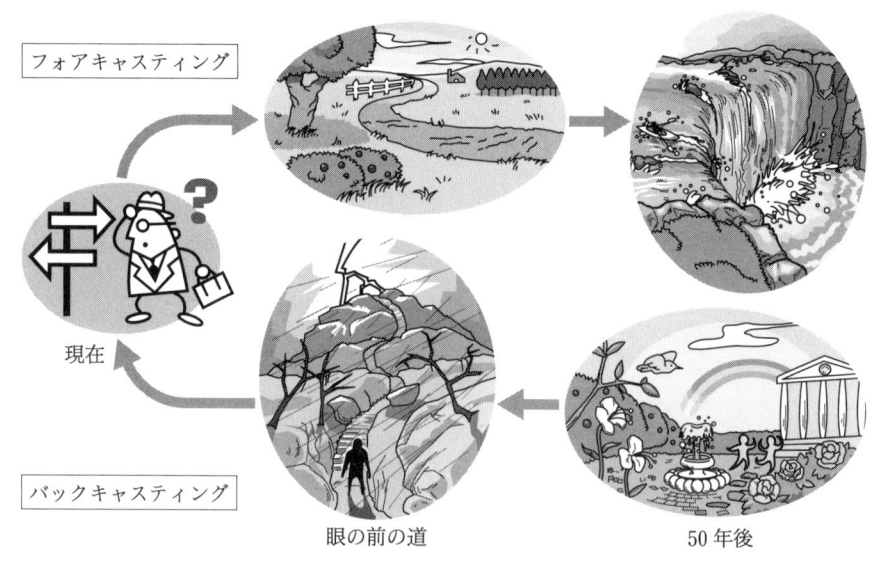

図8　将来に対するフォアキャスティングおよびバックキャスティングな見方

やウランを安く仕入れて，今の技術で電気をこれまでと同様に豊富に供給する道を選択するはずである。そうすると，50年後ぐらいには，地球環境が相当悪化するほか資源も乏しくなり，この図が示すように破局的な滝が待っていることになる。しかも，そうなることがおおよそ予測できたとしても，なかなかそれ以外の道を選択できないのが人間の特性である。

一方，将来から逆算する「バックキャスティング」的な見方をし，50年後に楽園的な社会をつくるための道筋を遡って考えると，結構大変な試練を現在乗り越えなければならないことに気づく。まず，50年後にはどんな社会が理想かと問うてみると，「豊かな雇用と活気のある生産活動のある社会」，「再生可能エネルギーが主体となった持続可能エネルギー社会」ということになるように思う。再生可能エネルギーに依存した社会をつくれたならば，我々は外国から石油や天然ガスを高い値段で購入する必要がなくなるし，環境にも当然やさしいわけである。

では，コストの高い再生可能エネルギーに依存しながら豊かな経済を維持することが可能かということが論点となる。そこで，次節ではこの点について論ずることとする。

7. 雇用と経済

再生可能エネルギーに依存した持続可能社会の形成にはコスト高な技術への投資が余儀なくされるが，こうした対応はこれまでの自由競争論理では成立しない。一方，第2節で述べたように，市場に比べて生産性が著しく増大した現代において，飽和した市場の争奪戦を自由競争に任せて繰り広げることは，格差の増大ならびに失業者の増加をもたらすことにすぎないように思う。そこで，本節ではコストと雇用の関係について論じてみたい。

先進国では需要が飽和しており，そうした状況のなかでさらに購買を煽るためにコスト低減競争を行っているのが現状である。コストの起源を辿ると，材料費やエネルギーコストを含めてすべての工程における人件費に帰結するので，コスト低減競争とは雇用減らし競争ということができる。揚げ句の果てに海外に市場を求め，コストをさらに低減するために海外に工場をつくる

ような流れとなる。そうすると，日本の雇用はますます減少する。そのように考えると，自由市場原理に基づくコスト低減競争の妥当性に疑問が湧いてくる。

図9は企業，家庭，学校，個人，行政などの各種事業主体がサービス(Si)を提供し，そのサービスに対して対価(Gi)を受け取る関係を図示したものである。行政もサービスを提供し，その対価を税金といった形で受領していると解釈できる。そして，このサービスの総和がGDPと考えることができる。この関係のままでは複雑すぎるので，これを右図のように2人の間の関係に単純化してみた。すなわちサービスの総和を人口で割った1人当たりのサービス能力をそれぞれが有している2人を考えるのである。まず，Aには種々のサービス能力があるので，Bは1万円を出してAからあるサービスを購入すると考える。次に，Aは獲得した1万円を用いてBが持っている別のサービスを受けることができる。この1万円のキャッチボールを繰り返すことによって，互いにサービスを提供し合い，お互いが豊かになれることになる。この間，いずれも労働を提供し合っているので，互いの資産を食いつぶしていることにはならない。このように考えると，経済の豊かさとはこのキャッチボールの回数が多いことに相当すると理解できる。このキャッチボールを継続するには，皆に雇用が必要なことになり，このなかで失業し，キャッチボールの輪から除外される者が出てくると次第にキャッチボールの

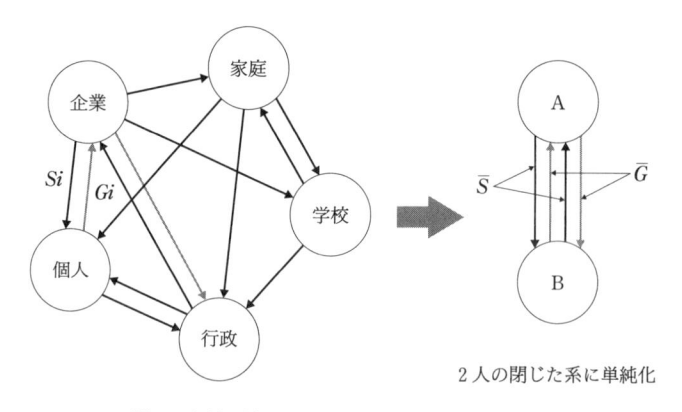

図9 経済活動におけるサービスと対価の関係

輪がしぼんでいくことになる。したがって，コスト低減競争・人減らし競争を促進すると，次第にこのキャッチボールの輪が縮小し，経済が不活発となってしまうことが理解できる。そういう意味で，現在進行している人件費削減競争ならびに生産拠点の海外移転といったトレンドは，長期的視点で日本国内の経済を衰退させる可能性が高いといえる。

海外貿易を盛んにすることはこのキャッチボールの輪を世界に拡大することであり，単に国際的な分業を進めるのであって，経済を活性化することに変わりはないという話が出てくるものと思う。しかし，これには為替レートが介在するために国内経済とは同一とはならない。すなわち，輸出を強化し，一時的に豊かになったとすると，為替レートが円高側にシフトし，輸出入のバランスが取れるように自動修正される。その結果，輸出能力の高い産業は一時的に栄えるが，輸出競争力の弱い分野の輸入が拡大し，対応する分野の国内産業が縮小することになる。国際的な分業が順調に行われている限り，こうしたやり取りに問題は生じないが，例えば農業製品を主として輸入に頼る構造ができると，安全保障上からきわめて脆弱な経済構造が形成されることになる。

以上のように考えると，コスト低減競争を過度に行うことは人減らし競争を行うことにほかならず，少々割高であっても地域内でお金のキャッチボールができるならば，雇用を増やし多くの人間が豊かになれると考えることができる。

そこで，風力発電や太陽電池による再生可能エネルギーインフラづくりはコスト高ではあるものの，インフラ製造，設置およびメンテナンスに地域住民が関われるのであれば，雇用が生まれサービスの提供とその受益のキャッチボールが成立することになる。ここで，海外から安い太陽光パネルや風車が入ってくると，この関係が崩れてしまうので，何らかの形で地域内のキャッチボールが維持されるような仕組みを考える必要がある。また，同時にエネルギー価格の上昇にともなう経済競争力の低下を防止する方策についても，何らかの仕組みづくりが必要である。例えば，韓国で行われているように，輸出関連産業の電力価格は低コストに据え置く一方，国内循環型産業や一般住宅に対するエネルギーコストは高く設定し，海外競争力を維持する

方策もあるかもしれない。

　なお，このような話を極端にすると鎖国主義に繋がってしまうおそれがある。当然，海外から輸入しなければならない資源や商品もあるわけであり，適当な量の貿易が必要なことは当然である。ここでいいたいのは，過度なコスト低減競争と人減らし競争にならないように，適度で紳士的な貿易量範囲に留める思想もこれからの時代には必要であろうということである。

　以上，エネルギーコストが上がっても国際競争力を落とさないような仕組み，自国製品が内需に投入されるような仕組み，僅かな公共資金の投入で大量の民間資金を動かせるような仕組みを組み合せられるならば，コスト高な再生可能インフラを徐々に拡大し，同時に地域の経済も活性化することが可能になるものと考えられる。実際にドイツをはじめとしたヨーロッパではFIT（固定価格買取制度：再生可能エネルギーなどによる電力を高く買い取り，それを広く電力価格全体に上乗せする制度）など，種々の仕組みを考案・試行して再生可能エネルギーの増大に努めており，エネルギーの海外依存度を減らすと同時に新しい分野の技術競争力の向上を推進しており，それによって経済競争力が落ちたという状況にはなっていない。このような仕組みについては行政的な規制や補助制度といったものになろうが，本章の範囲外なので踏み込まないこととする。

8. エネルギーインフラ形成による地域経済振興

　以上より明らかなように，域内でお金が循環するような仕組みがつくられるのであれば，割高であっても再生可能エネルギーによるインフラづくりは可能であるし，同時に地域の雇用を増やし，経済を活性化し得るのである。ただし，これには地域住民の理解が必要となる。

　ここで，北海道において再生可能エネルギーと同様に環境性にすぐれ短期的に有望な技術であるコジェネレーションについて紹介することにしよう。これは図10に示すように冷蔵庫程度のものを家屋の片隅に設置し，都市ガスを供給すると電気と熱が出てくる非常に高効率な装置である。火力発電所の発電効率は約42％程度であるが，これと同等の発電効率を持つ小型コ

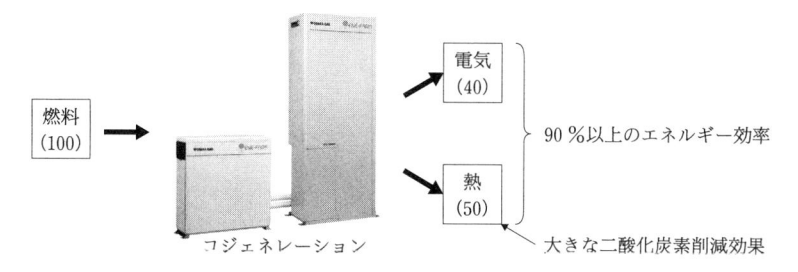

図10　北海道において特に有望なコジェネレーション技術

ジェネレーション技術がすでに開発されている。そうすると，現在暖房用に消費しているエネルギーを用いずに，発電機の排熱で暖房ができることになる。こうした技術をさらに高効率で利用するには，熱消費の大きな建物にコジェネレーションを設置し，熱需要に合わせた運転をしながら，余剰電力を系統に流して(逆潮流)，ネットワーク内で余剰電力を消費するのが最良となる。ただし，こうしたシステムを現状で普及することは困難である。すなわち，このシステムで利益を得るのはガス消費量の増えるガス会社であり，電力系統を利用される側の電力会社にとっては販売電力量の減少を強いられるだけなので，系統への逆潮を許可しないこととなるからである。

　したがって，コジェネレーションや再生可能エネルギーを普及させるためには系統電力との連系が重要であり，そのためには電力会社にとってもメリットのある仕組みとすることが肝要である。すなわち，こうした新しいシステムの形成は電力会社が主体となって行われるべきであり，電力会社のビジネスとなるような仕組みが必要である。

　もしこうした仕組みができたならば，消費者は電気も熱も高効率で供給される一方，ガス会社はコジェネレーション用のガスを販売でき，電力会社も利益を得られることになる。すなわち，消費者，ガス会社および電力会社のいずれもウィン・ウィン・ウィンの関係が成立することになる……。ここで，何かおかしい，皆がウィン・ウィンになることがあるのだろうかと疑問を持つ人が出てこよう。どこでおかしな話になっているかというと，消費者もウィンというのがおかしいわけで，消費者は新しいシステムに対してこれまで以上のエネルギーコストを支払うことになるのである。しかし，長い目で

見ると，前述したようにこれらのコストはエネルギーインフラづくりに投入されており，それにともなって雇用が生まれ，地域経済が活性化しているのである。すなわち，電力会社やガス会社に対して高いお金を払ったと思っているものが，実は地域経済の向上に繋がっているわけであり，広く見ると市民自身に還元されているのである。したがって，やはり三者がウィン・ウィンの関係になっているといえる。これは，現在，膨大な資金が輸入燃料の購入のために海外に流出しているものを，域内で循環するように資金の流れを変えたことになるので，当然の結果と理解される。

　ここで，前述したような電力系統とネットワーク化したコジェネレーションシステムについて若干説明しよう。図11は私たちが提唱している分散協調型コジェネレーションネットワークと名づけた概念図であり，効率の良いコジェネレーションを熱需要の多い建物に電力会社が主体となって導入する。そして，インターネット回線などを通して系統の電圧変動が許容範囲内になるように電力会社がそれらを運転制御するのである。そうすると，変動の大きな再生可能エネルギーの影響を，この分散電源の制御によって吸収することも可能となる。ただし，熱需要と電力需要のアンバランスを緩和するため

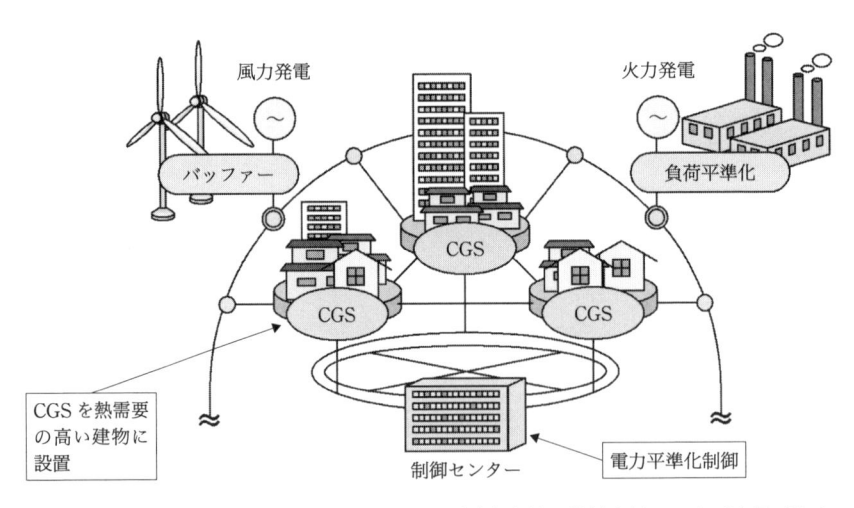

図11 分散協調型コジェネレーションシステム（電力会社，燃料会社，および市民がともに利益を得られる仕組み）。CGS：コジェネレーションシステム

に，各コジェネレーションシステムには蓄熱槽を設置する必要がある。こうしたシステムが実現すると，現状の暖房機器を用いたシステムに比べて約20％程度二酸化炭素を削減できると概算されている(近久ほか，2005；岩佐ほか，2005)。

　上述したようなエネルギーインフラ形成概念は国家単位では難しく，むしろ小さな地方単位から実現し得るものと考えている。それは，市民を含めて皆がウィン・ウィンの関係にあることを理解し，コンセンサスを得るには，小さな地域の方が容易と考えるからである。そういう意味では，北海道は電力会社や行政が一致した範囲にあり，しかもエネルギー的に本州と独立した系であるので，こうした概念の実践に適していると思う。しかも，豊富な土地と再生可能エネルギー資源の宝庫である。これまでのように単に安さを追求するのではなく，域内でお金が循環し，雇用が創出されていることに視点を向けながら，新しいエネルギーインフラ形成に資金投入をすることによって，長い目で見た豊かで持続可能な社会を形成できるものと思う。

9. まとめ

　私たちは地球環境にやさしく資源的にも心配のない夢のエネルギー技術の出現を願っている。しかし，どんなに画期的な技術であっても，そこから生み出されるものは電気か熱であり，付加価値はこれまでと変わらない。したがって，その技術の価値を決めるのはコストということになる。これが，ほかの多くの技術と比べてエネルギー技術が根本的に異なる点である。そのために，すでに数多くの技術が確立されているにも関わらず，従来と変わらずに資源消費型のエネルギーに依存した社会から抜け出せないのである。

　では，こうしたコスト重視・経済重視の選択を続けていった場合，数十年後にはどのような社会になるのだろうか。資源は概ね消費尽くされ，地球環境は急激に悪化し，しかも限られた市場を奪い合った結果として帰結する格差社会が待ち受けているものと思う。すなわち，市場規模に比べて生産性が著しく向上した現代では，コスト競争は人減らし競争と同意語となり，多くの失業者を生むだろうと考えるのである。

このエネルギー・環境・経済のトリレンマから脱するには，コストは雇用と同等と考え，地域内でお金がうまく循環する仕組みづくりが必要である。その点，再生可能エネルギーやコジェネレーションネットワークを中心とした新しいエネルギーインフラづくりは，当面割高ではあるものの，海外に流出していたエネルギー資金を域内で循環できることになり，地域雇用を創出する効果を期待できるものと思う。特にこうした新しい社会づくりを実現するには，市民のコンセンサスをえやすい小さな地方単位から始めることが有効である。

　これまでのように単に安さを追求するのではなく，域内でお金が循環し，雇用が創出されることに視点を向けながら，新しいエネルギーインフラ形成に出費することによって，長期的視点に立った豊かで持続可能な社会を形成できるものと思う。これをエネルギールネッサンスと名づけ，北海道から世界に先駆けて実現したいと願っている。

[引用・参考文献]
近久武美・菱沼孝夫・難波利行. 2005. コジェネレーションの炭酸ガス削減効果および経済性に関する研究(建物種別，地域，および冷房機器による比較). 日本機械学会論文集(B編), 71-706：1671-1677.
(独)日本原子力研究開発機構放射線量等分布マップ拡大サイト/電子国土, 2013：http://ramap.jaea.go.jp/map/＃search='放射線量等分布マップ＋電子国土'.
岩佐能孝・田部　豊・近久武美. 2005. 配電系統の電力制約を考慮した分散協調型コジェネレーションネットワークの炭酸ガス削減効果と系統負荷平準化効果. 空気調和衛生工学会論文集, 104：19-27.
気象庁ホームページ. 日本各地における気温等の長期変化傾向：http://www.data.kishou.go.jp/climate/cpdinfo/himr/2011/chapter2.pdf＃search='札幌市＋最高気温＋最低気温＋100年間＋統計'
資源エネルギー庁ホームページ. エネルギー白書(2013)「第1章 国内エネルギー動向」：http://www.enecho.meti.go.jp/topics/hakusho/2013 energyhtml/2-1-1.html＃search='資源エネルギー庁＋エネルギー白書＋GDP'
資源エネルギー庁ホームページ. 「世界のエネルギー消費と供給，2013」：http://www.enecho.meti.go.jp/topics/energy-in-japan/energy 2010 html/world/＃search='資源エネルギー庁＋可採年数'

地熱エネルギー利用の現状と見通し

第6章

江原幸雄

1. 地下の熱システム

　我々の地球は膨大な熱エネルギーを持っている。この地球の体積の99%は1,000°C以上であって，100°C以下というのは表面近くのごく僅か0.1%である(Rybach and Mongillo, 2006)。こういう点からすると，まさに地球は火の玉といえる。地球は深部ほど温度が高く，中心部6,370 kmの深さでは約6,000°Cといわれている。これは偶然であるが，太陽の表面の温度とほぼ同じである。このように地球の深部まで熱エネルギーが蓄えられているが，我々が現在利用できるのはそれほど深いところではなくて，地表から4～5 kmぐらいまでである。火山の下には高温の岩石の溶融体であるマグマ溜りが地下数～十数 kmにある。そのマグマ溜りから熱が伝導的に上がってくる。一方，地表から降った雨は地下に浸透していく。浸透した雨水はマグマによって温められると軽くなって上昇する。そして，温められた熱水が貯められやすいような透水性の地層があるとそこに貯められる。これを地熱貯留層と呼ぶ。多くは地層の食い違いである断層が地熱貯留層となっている。断層では割れ目が多く，水が溜まりやすくなっている。地熱貯留層は，やかんのなかに水が溜っているようなものではなく，このような断層がその実態であることがほとんどである。したがって，3次元的に広がった塊のようではなく，2次元的に薄く伸び広がった形状をしているので，地上から発見する

のが難しいことになる．多くの場合，地熱貯留層の上部には，水を通しにくい不透水性のキャップロック（帽岩）と呼ばれる蓋のような地層がある．この地熱貯留層を各種の地熱探査によって地表から発見し，これに向かってボーリングし，蒸気や熱水を取り出して地熱発電に使う．発生した電気は送電線を通して，最終的に工場や家庭に配送される．上述した地熱発電に関係する一連の地下構造の一番基本的な部分すなわち，地下の熱システムの概要と発電システムの関係を図1（日本地熱開発企業協議会，2011）に示した．なお，発電に使用しない熱水は還元井を通じて地下に還元される．

　世界各国は，地熱発電量に換算してどのくらいの資源量があるかを評価している．図2は横軸に各国の活火山の数と，縦軸はおおよそ地下3kmよりも浅いところにある，発電量に換算した地熱資源量である（村岡，2009）．これを見ると，日本，インドネシア，米国というのは，世界各国のなかで圧倒的に地熱資源量が多いことがわかる．この3国は発電に換算した地熱資源量

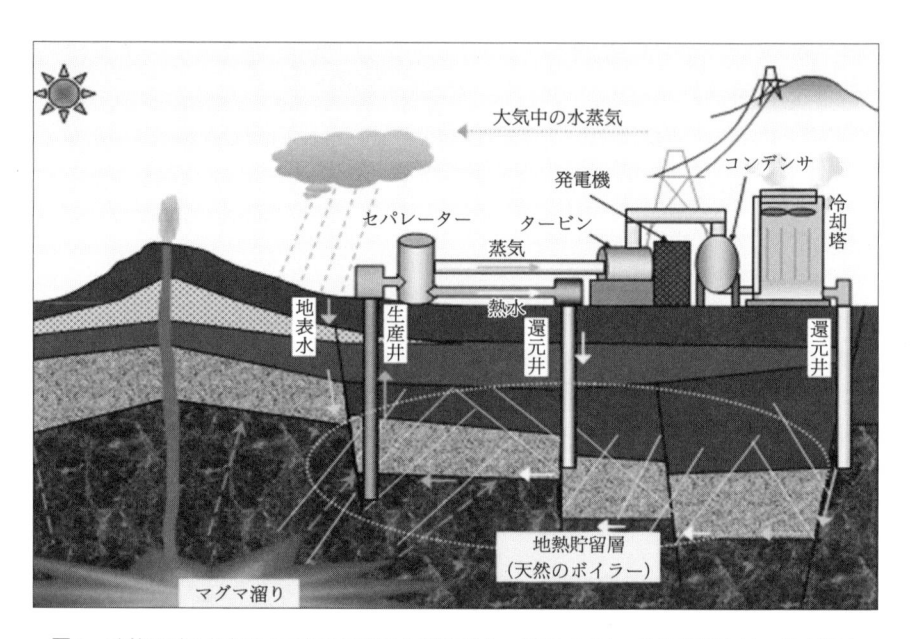

図1　地熱発電の仕組み（日本地熱開発企業協議会，2011より）．地熱発電とは，地中深くから得られた蒸気で直接タービンを回して発電するものである．一緒に出る熱水は還元井を使って再び地下に戻して再利用に役立てる．

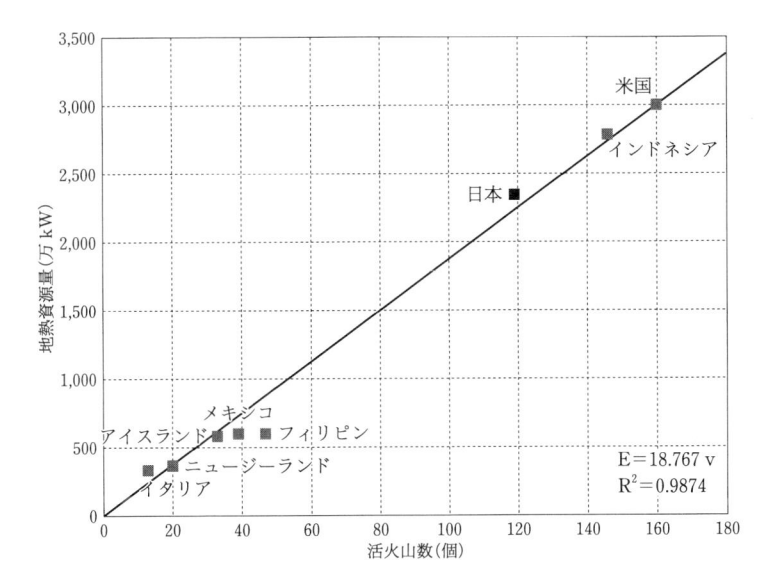

図2 世界の発電換算地熱資源量と活火山の個数（村岡，2009 より）

は2,000万kW以上になっている。すなわち，日本は地熱資源に大変恵まれている。また，地熱発電所の中心的設備である地熱蒸気タービンの世界の地熱発電所におけるわが国のメーカーの供給は約7割を占めている。すなわちわが国には地熱資源量も多く，その開発技術も世界のなかでトップクラスである。

2. 地熱資源の多様性

　風力発電あるいは水力発電は，それぞれのエネルギーによって発電に使われるだけであるが，地熱エネルギーというのは非常に多様な使い方があることが特徴である。ここでは地下に存在する温度で4つに分けている（表1）。一番高温のものはおおよそ400℃以上から1,200℃ぐらいまでを想定しているが，火山の下にあるマグマおよびその周辺にある高温岩体である。マグマの熱利用に関しては，これはまだ基礎的な研究段階で将来的（今から数十年以降）には資源として使えるようになると期待される。少し温度が下がって地

表1 多様な地熱エネルギー(温度による分類)

(1)超高温地熱(400°C以上)　将来型資源
　マグマ・高温岩体，熱交換，発電主，局地的・地域的，主として基礎的研究。
(2)高温地熱(200～350°C)　地熱発電
　天然の高温高圧蒸気，発電，局地的，持続可能性保証，新資源の発見。
(3)低・中温地熱(数十～百数十°C)　直接利用
　中低温熱水，直接利用，バイナリー発電，局地的・地域的，経済性(総合的技術開発)。
(4)地中熱(10～20°C)　第4の地熱
　浅い地層・地下水の熱，室内冷暖房，温水供給，ヒートポンプ，普遍的，経済性(総合的技術開発)，普及活動，ヒートアイランド，地球環境問題。

*EGS(Enhanced Geothermal System)という考え方が広まればより資源量は増加する。

下において200～350°C程度の温度範囲では，資源は熱水とか蒸気の状態にある。これをボーリングによって取り出して発電に使う。これが最もポピュラーな地熱エネルギー利用である「地熱発電」である。もう少し温度が下がって数十～百数十°C，これは高温の熱水の状態にある。この領域の資源は，一般には電気に変換されることなく，熱そのものとして使われるので直接利用と呼ばれる。室内の暖房，浴用，あるいは温室栽培などに使われる。しかし，最近は，バイナリー発電といって，例えば熱水の温度は150°C位以下でも，それによって沸点が低い媒体を加熱し，その蒸気をつくり，発電に用いるものである。わが国では，最近，温泉発電と呼ばれる，100°C程度の温泉水により低沸点媒体を加熱蒸気化し，発電を行う方式が注目されている。

　以上の3つの温度領域の資源は，火山に関係した高温の資源であるが，地中熱と呼ばれ，火山の熱とは無関係の常温の地熱資源もある。これはどこでも，例えば，火山のない都市地域でも利用できる地熱資源である。地下十数～100mぐらいの深さの温度は場所(あるいは緯度といってもよい)によって少しずつ異なるが，年間を通じて十数°Cで，ほぼ一定である。一方，地表の気温は年変化する。夏であれば高くなるし，冬になれば低くなる。夏の年平均気温は二十数°C，冬の年平均気温は数°C程度であり，冬では地下の方が10°C程度高く，夏では地下の方が10°C程度低い。この10°C程度の温度差を利用して，室内の冷暖房などに利用できる。温度差が十分でないときには，ヒートポンプを使って，適切な温度を得ることになる。したがって，このような利用法を地中熱ヒートポンプ方式と呼ぶ。冬の場合であれば地下の高温を，

例えば媒体を地下のパイプのなかを循環させて暖かい熱を取り出し，さらにヒートポンプによって昇温し，室内の暖房をする。夏はまたその逆に冷房用に使う。一般に，地下のエネルギーそのものものだけでは十分な冷暖房温度が得られないので，ヒートポンプを使って温度を上げたり下げたりするのである(図3)。実はこの地中熱利用冷暖房システムは近年非常に伸びつつあるもので，特にヒートアイランド現象の緩和対策にとても有効である。通常のエアコンシステムでは，排熱を大気中に放出するが，地中熱利用冷暖房システムでは，排熱を地下に戻し，冬に暖房として使用するという非常に賢い方法となっている。今後わが国では盛んに使われるようになってくると思われる。

以上のように，地熱エネルギーは温度によっていろいろな目的に使えるのが特徴である。すなわち，高温であれば地熱発電に使えるし，温度が少し下がってくると例えば木材の乾燥用に使われる，さらに温度が下がれば温室に使うことができる。もちろん入浴にも使えるし，温水プールにも使える。このように地熱エネルギーは多様に使えることが大きな特徴であるが，農林水産業にも応用できる可能性も高く，地域振興という観点からも非常に重要と

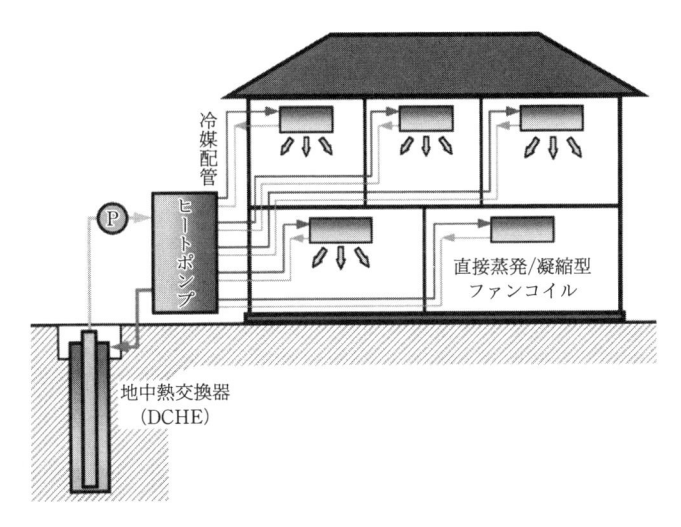

図3　地中熱利用冷暖房システム

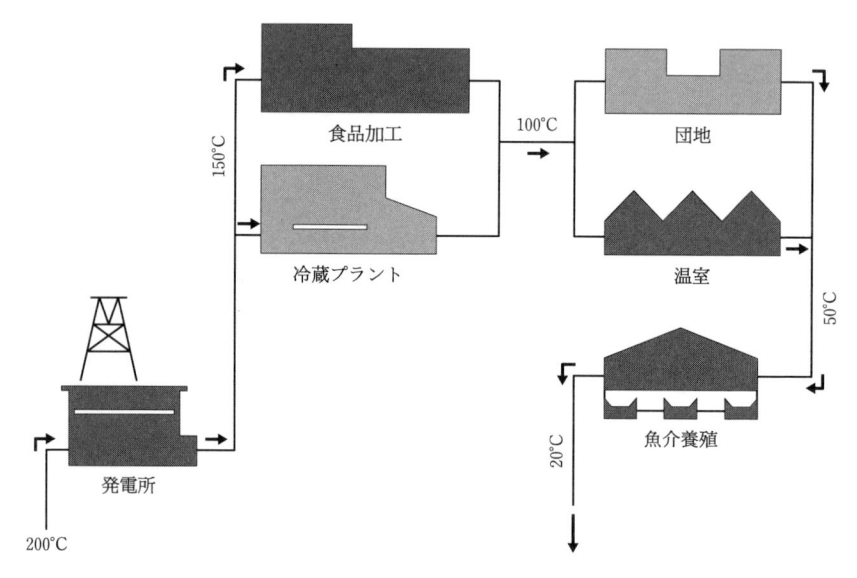

図4 熱の有効利用——カスケード利用例(日本地熱学会IGA専門部会, 2006より)

考えられる。

　また，地熱エネルギーを熱として利用する場合には，特定の利用目的だけでなくて，段階的に使うことで非常に有効に高温エネルギーを使うことができる。一例を挙げると(図4, 日本地熱学会IGA専門部会, 2006)，発電所から150℃程度の高温の熱水が排水として出てくる。これを食品加工とか冷蔵プラントに使って，100℃程度の温水となる。これをその後さらに，団地の室内暖房や温室栽培に利用し，50℃程度まで下がったところで最後に魚介類の養殖に使って，20℃程度に温度低下してから捨てるという使い方が考えられる。このように熱エネルギーを多段階に利用することをカスケード利用と呼ぶが，すぐれた熱利用法である。

　さて，以上のように地熱エネルギーは温度によって多様な利用法があるが，本章では地熱発電を中心に述べる。

3. 地熱発電の特徴

　なぜ今我々が地熱発電を進めようとするのか。まず，図5(電力中央研究所，2000)を見ていただきたい。地球環境時代においては，発電にともなって排出される二酸化炭素をできるだけ小さくする必要がある。この図5では，発電にともなって生じる二酸化炭素排出量を示している(発電量1kWh当たり何グラム二酸化炭素が排出されるかを示したものである)。なお，この二酸化炭素排出量は地熱発電所のライフサイクルにわたって評価されたものである。これを見ると，化石燃料による発電と，原子力発電あるいは再生可能エネルギーによる発電では，二酸化炭素排出量が2けた近く違うという圧倒的な差があることが良く理解できる。一方，図6は，取り出されるエネルギー量とそれを取り出すのに要するエネルギーとの比(エネルギー収支比)を示したものである(天野，2007)。こういう観点からすると，中小水力発電や原子力発電はかなり効率の高いものであることがわかる。一方，地熱発電も石炭火力発電や石油火力発電にほぼ匹敵するとともに，太陽光発電や風力発電などのほかの再生可能エネルギーに比べ非常に優れていることがわかる。すなわち，再生可

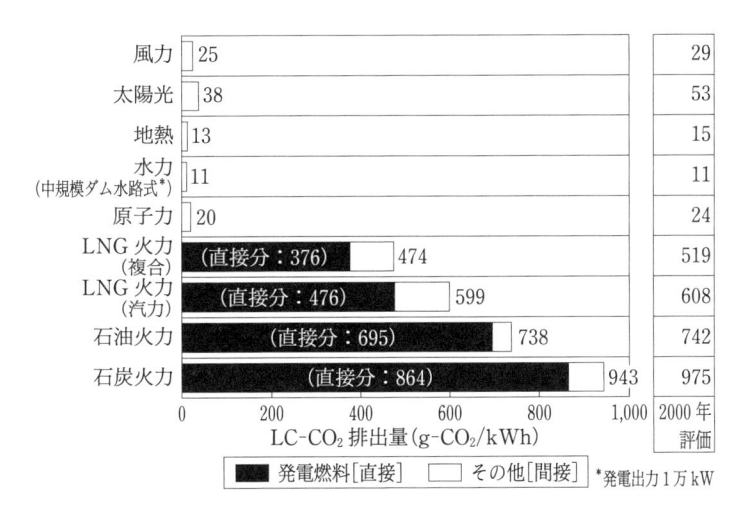

図5　電源別のライフサイクル二酸化炭素排出量(gCO_2/kWh)(電力中央研究所，2010より)

発電方式	EPR
石炭火力	6.55
石油火力	7.90
LNG火力	2.14
原子力(ガス拡散)	6.60
原子力(遠心濃縮)	28.20
原子力(改善)	40.60
中小水力	15.30
地熱	6.80
風力	3.90
太陽光	2.00
太陽熱タワー式	1.60
太陽熱曲面式	0.90
波力	1.90
潮力	2.50
海洋温度差	1.90

白色の棒グラフは再生エネルギーを表す

エネルギー収支比(EPR，出力/入力)

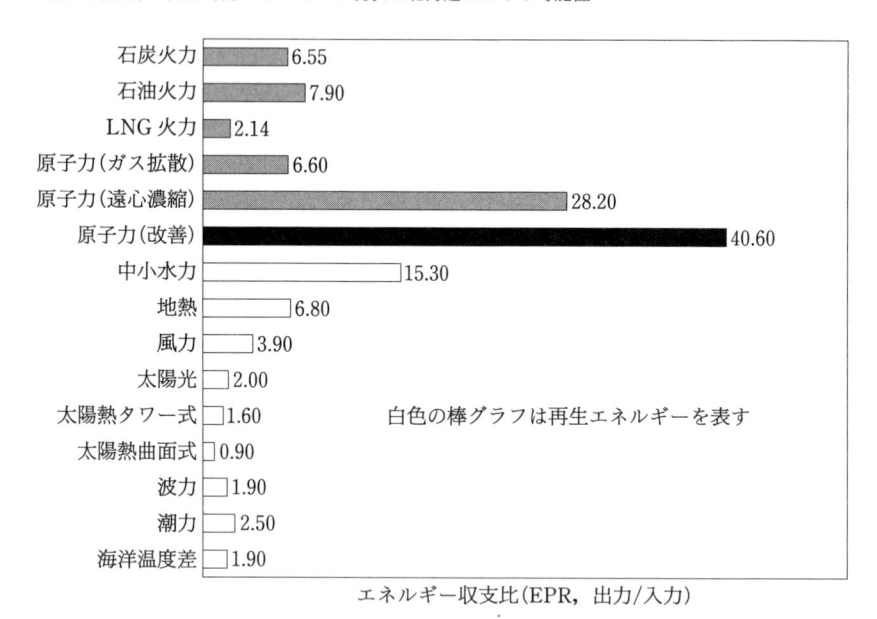

図6　エネルギー収支比(天野，2007より)

能エネルギーのなかでは，中小水力発電に次いで地熱発電が大きな利点を持っている。

　さらに，地熱発電が再生可能エネルギーのなかでの大きな特徴を示しているのは，天候に関わらず1日24時間，1年365日間安定して発電できることである。図7は，2007年度の資料であるが，この時点で設備容量として，地熱発電は約55万kW，風力発電は約108万kW，太陽光発電は約140万kWとなっているが，実際に発電された電力量は，地熱発電が一番多いことがわかる(地熱開発研究会，2006)。このことは地熱発電は1日24時間，1年365日間安定した発電ができる，すなわちベース電源となることができるという意味で，地熱発電の大きな長所となっている。

4. 世界の地熱発電・日本の地熱発電

　さて，地熱発電の世界の開発の状況はどうであろうか。図8(A)は世界の

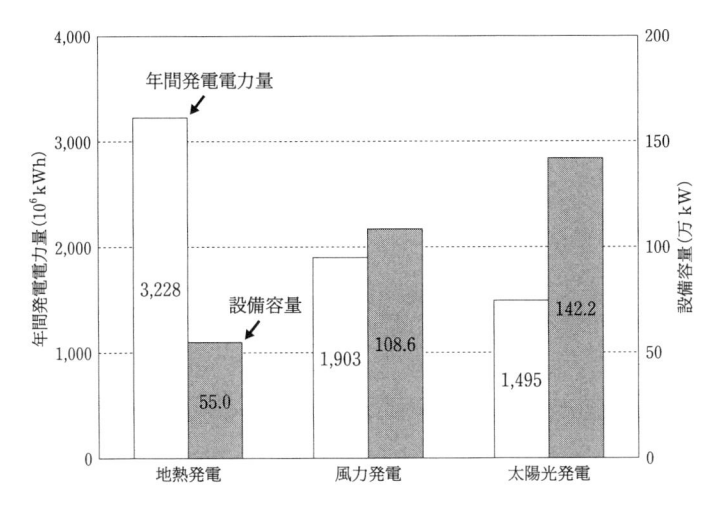

図7 地熱発電・風力発電・太陽光発電における設備容量と実際の年間当たりの発電量の比較(地熱開発研究会，2006より)

動向を示す(Bertani, 2010)。世界最初の地熱発電は1904年イタリアで始められ，したがって，地熱発電の歴史は100年以上あることになる。図8(A)には第2次世界大戦後からの地熱発電設備容量の累積量を示している。イタリアの地熱発電は1904年以降順調に進展し，第2次世界大戦末期には12万kWを超えていたといわれているが戦争によって一度壊滅的になった。戦後，ゆっくり回復がなされ，その後，ニュージーランド，米国，日本など各国で地熱発電が開始された。1970年ごろまではゆっくりとした増加率であったが，1980年代ごろから急激に進展した。これは1970年代に発生した2度にわたるオイルショックの後，各国が地熱発電に力を入れた結果である。しかし，その後，石油供給が安定化すると，その伸びは停滞した。しかしながら，1990年以降，再び，進展は加速した。これは地球温暖化問題の顕在化により，各国ともほかの再生可能エネルギーによる発電とともに，地熱発電に力を入れた結果である。1990年に約900万kW，2010年に1,070万kWを超え，2015年には1,850万kWを超えることが予測されている(Bertani, 2010)。近年，世界の太陽光発電や風力発電の設備量が指数関数的に急激に増加しているが，地熱発電もいよいよそういう段階に入りつつあるといえる。

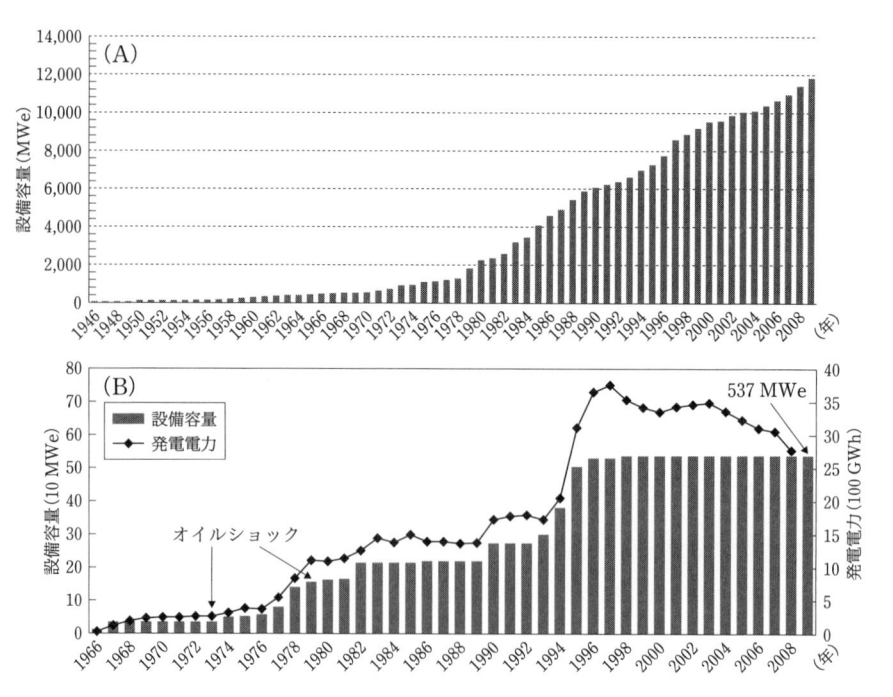

図8 世界(A)と日本(B)の地熱発電設備容量の変化(Bertani, 2010；火力原子力発電技術協会, 2013より)

ところが日本はどうか。日本では1966年に最初の地熱発電所ができてから少しずつ地熱発電設備容量が増加するなかで，オイルショックが発生している。そこで，わが国政府は，石油代替エネルギーとして，太陽，水素，石炭とともに地熱にも力を入れた。その結果，わが国の地熱資源量として，2000万kWを超えることを明らかにするとともに，地熱発電所が建設され，1999年には日本全国で18か所，合計認可出力は50万kWを超えた。しかしながら，2000年以降わが国では新しい地熱発電所が建設されることなく停滞し，新規の地熱発電所は建設されてこなかった(図8(B)，火力原子力発電技術協会, 2013)。

以上のように，「進展を続ける世界」と，「停滞する日本」というのが，いわゆる3.11(東日本大震災・福島第一原発事故)までの状況であった。世界の地熱発電がこのように進展したのは，世界各国は1990年以降，地球温暖化対策，

あるいはエネルギーセキュリティーの観点から，地熱を含めた再生可能エネルギー開発を重要視し，非常に高い数値目標を設定して，政策的支援を行ってきたことによる．特に，アイスランド，ニュージーランド，インドネシア，米国などの火山国は大きな数値的目標を立て，地熱を含めた再生可能エネルギー開発に大きく力を入れてきている．

一方，火山のない国であるドイツとかオーストラリアなどでも，国を挙げて地熱エネルギー開発に取り組んでいる．ドイツでは4,000 m程度の地下深部に存在する熱水を取り出しバイナリー発電をすでに5か所で行っている（発電規模は数千kW程度）．このようななか，いわゆる3.11までは残念ながら日本は世界に取り残されている状態であった．こうしたなかで地熱発電所の最も重要な機器である地熱蒸気タービンの技術は日本はきわめてすぐれていて，世界の地熱蒸気タービンの7割は日本の三大メーカー（三菱重工，東芝，富士電機）が供給していた．すなわち，急激に進展している世界の地熱発電を担っているのは日本の技術力であった．

上述したように，わが国には地熱発電のための十分な資源量があり，また，優れた蒸気タービン技術もあるが，わが国の地熱発電は伸びなかったのである．その背景として，やはり国の地熱発電に対する消極的な政策があったといえる．わが国政府は，近年地球温暖化問題あるいはエネルギー問題に対して原子力発電で対応する方針を採り，地熱を含む再生可能エネルギーを重要視してこなかった．しかしながら，いわゆる3.11以降，わが国政府はエネルギー問題を根本から見直すことになり，再生可能エネルギーを重要視する政策に転換した．ただ，2012年12月の総選挙により，政権は民主党から自公政権に代わり，エネルギー問題の行く末が不透明になりつつあるが，将来的に，再生可能エネルギーを重要視していくということは変わることはないと考えられる．

わが国政府の地熱に関する政策はこれまで非常に大きく揺れてきた．特に，それが外圧で揺れ動くという性質があった．1970年の石油危機以後，国は地熱開発に力を入れることになり，予算が一気に4倍増し，その後，年間150億円を超える予算が15年間継続した．いわゆるサンシャイン計画といわれているものである．それによって前述した大きな地熱資源量が確認され

たり，地熱発電所の建設も進み，1999年には全国で18か所，総認可出力は約54万kWに到達した。ところがその後原油供給事情が緩和し，さらに，地球温暖化に対しては原発で対応するということで，国は地熱開発に急激に関心が薄れてきて，例えば2011年度は予算が数億円程度まで削減されてしまった。

　ところが3.11後の2012年度には地熱促進策に転換して再び予算が増額され，年間150億円ぐらいに達した。このように政策が大きく揺れると，停滞期に技術者が減ってしまい，新規技術者の加入もないので，一気に予算が拡大しても，地熱開発企業の対応も難しい点が出てくる。将来に向けて，再生可能エネルギーに転換していく必要があり，地熱発電は一定の意味のある貢献が可能である。一方，発電所建設までに長いリードタイムが必要な地熱発電においては，その開発意義と権利義務を明確にした根拠法をつくり，それに基づいてロードマップをつくり，政策的支援をしていくという息の長い政策を実現して行かないと，日本の恵まれた地熱資源の開発利用を伸ばせないのではないかと危惧している。

5. わが国の地熱開発における3つの障壁

　上述したような政策的背景のもと，具体的には日本の地熱発電開発が進まなかった理由として3つの障壁が挙げられる。1番目は「発電コスト問題」である。いわゆる3.11前の状況では，経済産業省の試算によれば，地熱発電の発電コストは1kWh当たり13〜16円といわれて，これは石炭火力発電，あるいは原発の2〜3倍とされていた。これでは電力自由化のなかで，電力会社としても地熱発電を選択するという状況にはならなかったと思われる。2番目は「国立公園問題」である。有望資源の80％以上が国立公園特別地域内にあり，従来，特別地域内では開発できないという大きな問題があった。地熱資源は，国立公園のより中心部（言い換えると火山の中心部により近い）ほど有望な資源が眠っていることからくる必然的な結果である。3番目はいわゆる「温泉問題」である。これは，地熱開発が始まると周辺温泉へ悪影響が生じるのではないかという懸念があって，地熱発電所の建設だけでなく，調査

も地元の温泉関係者からの同意を得ることができず，開発が進展しないという問題である．

以下では，3つの障壁についてやや具体的に述べることにする．最初の「発電コスト問題」であるが，これに関しては，2012年7月1日固定価格買取制度(FIT)という新しい制度が導入されて，地熱発電にとっては設備出力1.5万kW以上は1kWh当たり27.3円(税込．買取期間は15年間)，1.5万kW未満は42円(前述と同じ)と設定された．この価格設定は，条件の良い地熱開発地点では十分事業性の成り立つ買取価格ということができる．このFITのほかに，地下資源特有の開発リスクがある地熱発電に対して，調査および掘削に関して，新たに国の支援制度も整備された．このようなことから，「地熱発電は発電コストが高いので開発が進まない」というこれまでの状況は大きく改善されたといえる．

2番目は「国立公園問題」である．上述したように，有望と評価された地熱資源量の80%以上は，国立公園の特別地域のなかにあり，従来は利用ができなかった．ただし，1972年までは当時すでに発電所があったり，あるいは計画中であった八丁原，大岳，大沼，松川，鬼首，葛根田の6か所は国立公園特別地域のなかに発電所が建設された．1972年，当時の環境庁と通産省の取り決めによって，それ以降，当面の間というただし書きはあったが，国立公園特別地域内では地熱発電所を建設できなくなったわけである．しかし，近年，再生可能エネルギーの利用促進に向けて，いろいろな規制・制度改革が進み，いろいろな許認可の早期化あるいは柔軟化が目指された．2012年の3月に，国立公園の外からなかへボーリングをするということ(いわゆる斜め掘り)を認めるという通知が出されたが，地熱開発を進めるという点からすると，限定的で効果は少ないということで，さらに検討された．その結果，最終的に2012年3月27日に，国立公園特別地域のうちの特別保護地区および第1種特別地域内では，地表調査は認め得ることになり，さらに，第2および3種特別地域内では，地熱発電所設置を条件つきで許可することもあるという通知が発出された．これは地元との合意あるいは自然環境への影響を最小限にするというような「優良事例」であれば，門前払いではなく，審査を受けつけるということになったものである．しかし，審査基準などは明確

ではなく，優良事例に関し，2013年4月から，環境省担当者，経産省担当者が事業者を交えて，月1回程度の非公式意見交換会を実施しているので，進展を期待したいところである。すでに国立公園特別地域内には40年以上にわたって特別な問題もなく，安定して稼働してきた地熱発電所があり，景観などに配慮しながら，また，地元の温泉関係者と良好な関係を持ちながら発電を継続している。このように，山のなかの国立公園において，いろいろ工夫をしながら地熱発電所をつくっているということで，是非とも多くの方々に，実際の地熱発電所を見学され，国民のサイドからも国立公園内の地熱発電所に関し，提言など頂けるとありがたいと思っている。

　さて，もうひとつの問題「温泉問題」を考えてみたい。図9に示すように，火山があり，その下に熱源としてのマグマ溜りがある(日本地熱学会，2010)。そして降った雨が地下に浸透して行き，マグマの熱により温められた熱水が貯められているのが地熱貯留層である。これは，一般に，1～3 km程度の深度にあり，多くの場合はその地熱貯留層の上部にキャップロック(帽岩)と呼ばれるような水を通しにくい地層がある。

　地熱貯留層周辺は周囲に比べて高温になっている。温泉は，そのような高温部分からの伝導的加熱によって温められ，さらに地表近くの水とも混合する。このような温められた温水が比較的地下浅層(200～300 m程度の深度)に貯められたものが温泉のもととなる温泉帯水層である。このように多くの場合，温泉帯水層と地熱貯留層とは空間的に分離されており，かつ，地熱貯留層の上層には不透水性のキャップロックが存在しているので，地熱貯留層から地熱流体を生産しても，直接温泉に影響するというものではないと考えられる。しかし，場所によっては温泉帯水層と地熱貯留層が水理学的に連結している場合もありうる。その場合には，地熱貯留層からの地熱流体の生産は十分注意して行う必要がある。このような場合においても，持続可能な地熱発電技術を適用することによって，温泉帯水層への影響を最小限にすることができる。これについては後に詳述する(第6節参照)。

　ここで，地熱発電の温泉への影響の有無に関して，実際のデータから見ると，日本の場合は地熱発電によって，温泉へ悪影響が出て，枯渇などにより温泉の営業ができなくなったというような例はない(日本地熱学会，2010)。む

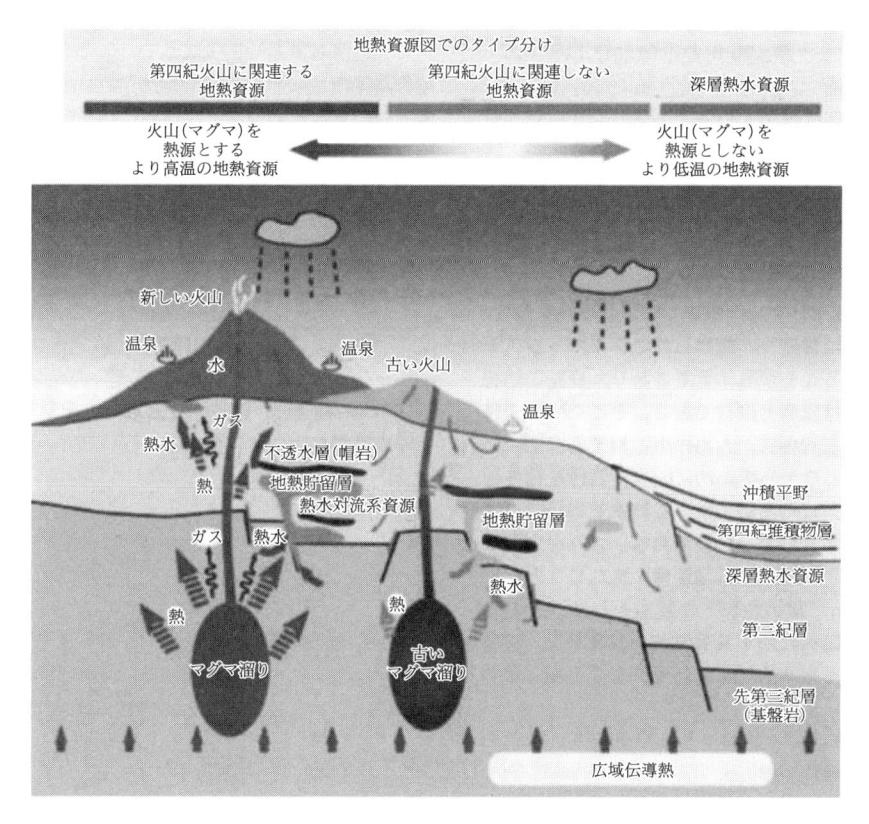

図9 火山と地熱・温泉熱の関係(日本地熱学会，2010 より)。地熱資源の賦存形態を示す模式図

しろ，わが国では，温泉地において，温泉が温泉に悪影響を与えた例は多くあるのが実際である．同じ温泉帯水層に対して多数の温泉井が掘削されているような場合はこのような問題が生じやすいのである．

なお，以下のような例もある．地熱発電所においては，蒸気と熱水を生産して，地下に熱水を還元をするということは普通に行われているが，浅部に還元することにより，ある温泉地域で，温泉の湯量が増え，また，温度も高温化した例がある．実際に，地下の熱と水の流れをコンピューターで再現してみたところ，確かにある特定の場所に熱水を還元すれば，温泉に影響を与えることが説明された．この場合には還元する場所を変えることによって

現状に復帰したことが明らかにされている(環境省自然環境局, 2012)。温泉の湯量が増え，温度も高温になったことはプラスとも考えられるが，影響を与えたということで原状復帰の対応策が採られたものである。ただ，現在，わが国では，温泉水は利用した後はすべて川と海に捨てている状況を考えると，温泉を長期間安定して利用していくという点では，利用後の温泉水も還元するということを検討する価値が十分あると考えられる。

　なお，外国の例では明確に地熱発電が温泉に影響を与えた例がある(日本地熱学会, 2010)。これは地熱開発の初期のころのことであるが，ニュージーランドやフィリピンでは地熱発電が行われた結果，温泉や間欠泉というような活動が低下したことが報告されている。多くの場合は，地表の地熱活動が低下するが，場合によってはたくさんの熱水・蒸気を生産する一方，不用熱水を地下に還元しなかったために，地熱貯留層内の流体が少なくなって，圧力が低下し，熱水から蒸気に変わって，かえって見かけ上は地熱活動が活発化したという例も見られる。さらにそれが激しくなって水蒸気爆発が起こった例も生じている。それらの大きな原因として，熱水を地下に還元せず，すべて川や海に放流したことが挙げられる。

　地熱地域でボーリング坑を掘削すると一般に蒸気と熱水が生産されるが，多くの場合，蒸気より熱水の量の方が多いので，熱水を還元をしないことは地熱貯留層の枯渇を生じる可能性を大きくすると考えられる。さらに，これらの地域では，深いところの構造と浅いところの構造が強く連結をしているようなところであり，キャップロックがうまく機能していなかったことも考えられた。以上のような原因が複合した結果，温泉などに影響が出たものと判断された。逆にいうと，そういう点を十分考慮すれば，温泉影響への対応ができることになる。実際にそれらの地域では，その後生産量を少なくしたり，還元を行うことによって安定化に向かっているが，地表の地熱活動が地熱発電所の運転開始前の状態に戻るということは，残念ながらまだなっていない。回復のためには，少なくとも，地熱発電の運転に要した時間程度は必要ではないかと思われる(Rybach and Mongillo, 2006)。

　最後に，火山地域における，地熱発電利用と温泉利用の関係に関する問題をまとめておくことにする。熱の起源は共通であり，マグマである。水の起

源も，地表水が地下に浸透するという点では共通である。地熱のもと，これは地熱貯留層というが，一般に深く地下1,000〜3,000 m ぐらいである。温度は200〜350℃程度である。温泉のもとである温泉帯水層は，火山地域の温泉の場合，深くて地下300 m ぐらいである。温度は百数十〜数十℃である。地熱貯留層の上部には，一般には水を通しにくい地層(キャップロック，あるいは帽岩)が存在しているので，地熱貯留層から地熱流体を取り出しても，温泉帯水層に直接影響を与えないと一般的には考えられる。しかし地熱貯留層と温泉帯水層の水理学的連結の程度によっては，地熱発電が温泉に影響を与えることはありうると考えるべきである。そのような意味から，地熱発電を実施する場合，地下の構造をよく知ることと，実際にいろいろな観測を行い，適切なモニタリングをすることが必要である。地下の調査なしに，事前に地熱発電が温泉に影響があるとか，あるいはないという判断はできない。実際のデータに基づいてその影響を評価をして，影響が予測される場合はそれを回避するための科学的，技術的な検討を行う。実はそういうことが実際に可能であるということを，次節の持続可能な地熱発電の実現を議論するなかで紹介する。

6. 持続可能な地熱発電技術

不適切な地熱流体の生産，特に過剰な地熱流体の生産は，温泉に影響するだけではなく，地熱発電自体を安定して維持できないことになる。そして，その影響を正しく評価するためには，信頼のおける観測データを取得することが非常に重要である。また，影響が考えられる場合には，それを避けるための科学的・技術的な検討，対策が重要で，なかでも持続可能な生産ということが非常に重要である。

地熱発電では地下から，蒸気・熱水を採取するので，流体が枯れてしまうのではないかと思われるかもしれない。しかし，実際には，地熱貯留層周囲からの地熱流体の補給が生じ，必ずしも貯留層内の流体が枯れることにはならない。このようなプロセスを観測から裏づけることができる。

地熱エネルギーが再生可能エネルギーとして，きちんとして伸びていくた

めには，長期間安定して発電をする必要がある。これを持続可能な発電という。重要なことは，それをどのように科学的・技術的に保証していくかということである。これは地熱貯留層内に熱水がどの程度存在しているかを定量的にどのように知るかということといっても良い。地熱貯留層内にたくさん熱水があると，強い引力が生じ，地表での重力(地球の引力)が増加する。そのような重力の変化を高精度の重力計によって検出し，地下流体質量の多寡を評価することができるのである。

重力測定の技術的な説明に入る前に，「持続可能な生産」とは何かについて，図10に基づいて説明する(Axelsson et al., 2003)。横軸は時間を示すもので，ここでは社会経済的な観点から，100〜200年という長さを考える。縦軸は持続可能な地熱流体の生産量あるいは持続可能な発電量ということもできる。地熱地域には大規模な地域もあるし，小規模な地域もある。したがって，地域によって，持続可能な発電レベルは異なることになる。この持続可能なレベルを E_0 で表すことにする。もし，これより大きい発電を行えば ($E > E_0$ の場合)，短期間はそれを維持することができるかもしれないが(例え

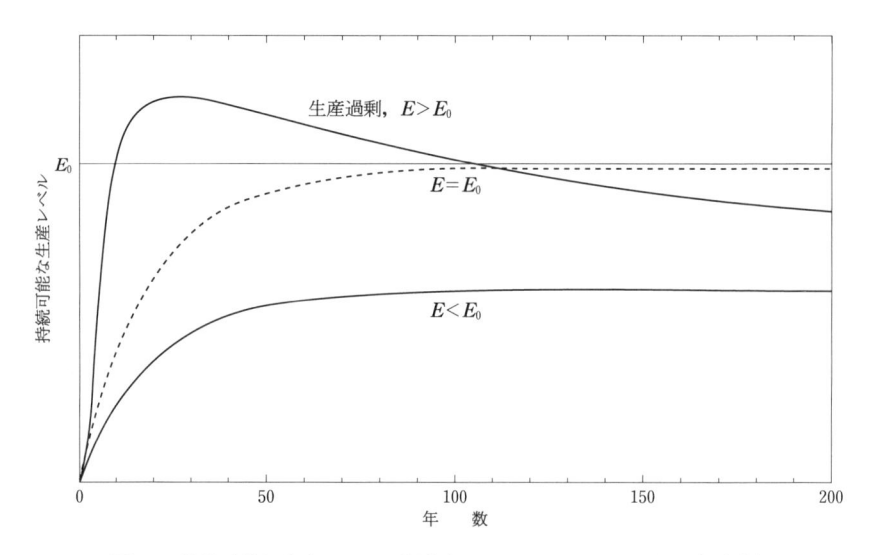

図10 持続可能な生産レベルの概念(Axelsson et al., 2003 を一部改変)
　　　E：生産(発電)レベル，E_0：持続可能な生産(発電)レベル

ば，初期にたくさん井戸を掘って短期間大きな発電をするような場合)長期間維持することは困難であろう．一方，もし E_0 よりも少ない量($E<E_0$)を生産するのであれば，長期間安定して生産することができる．しかし，このような場合は利用可能な資源量の一部だけを使うことになるし，一般的には，経済的ではないと思われる．そのように考えると，持続可能な発電を実現するためには，どのようなプロセスを辿るべきかが明らかになる．すなわち，小さい生産量から出発し，生産にともなう地熱貯留層の反応を確認しながら，開発のできるだけ早い段階で E_0 を見出し，E_0 という値で長期間発電をすることが，資源利用を持続させる上で最も適切であるし，また最も経済的であると考えられる．

以上のようなプロセスを通じて，持続可能な地熱発電を実現しつつある例を示すことにする．対象地熱発電所は，大分県にある九州電力八丁原地熱発電所である．認可出力 11 万 2,000 kW のわが国最大の地熱発電所である．図 11 に八丁原地熱地域の地下構造と地熱構造モデルを示した(Momita et al.,

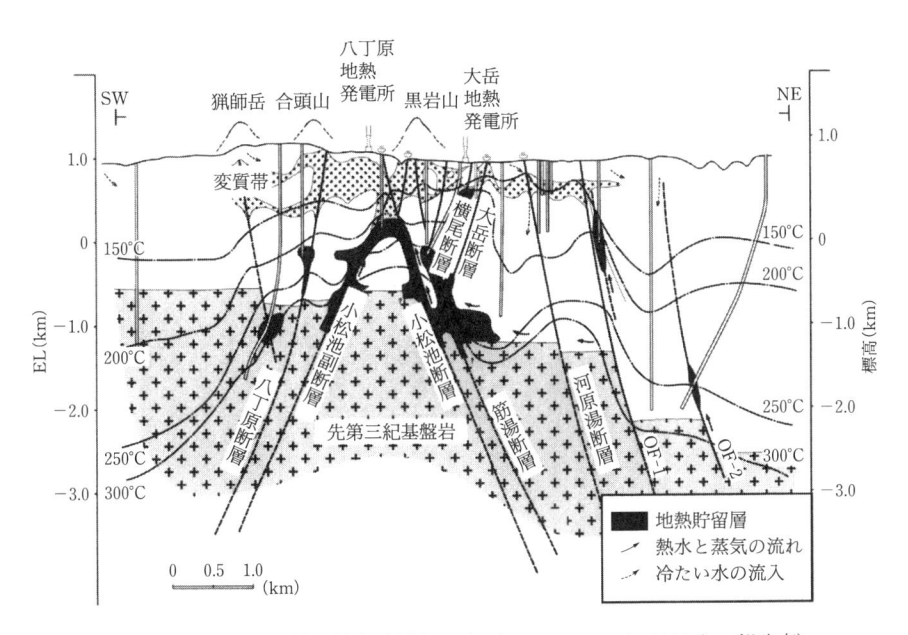

図 11　八丁原地熱地域の熱水系概念モデル(Momita et al., 2000 を一部改変)

2000)。地表から5km程度までの深さの地下構造を示している。地下浅部の2～3kmに第三紀および第四紀の火山岩類が存在している。さらに深部は，より古い時代である白亜紀の花崗岩や変成岩というような硬く，密度の高い岩石がある。その花崗岩のなかに熱源としてのマグマが存在していると考えられる。このマグマから熱が上方へ伝えられ，一方雨水が地下に浸透し，温められて上昇する。図中で斜めの実線が何本も引かれているが，これが断層である。この部分に熱水や蒸気，多くは高温の熱水が溜まって，地熱貯留層を形成している。

　八丁原地域では，これらの断層に目がけてボーリング坑を掘削し，蒸気と熱水を取り出し，気液2相流体をパイプラインで運び，セパレータにより気水分離を行い，蒸気はタービンに導かれ，発電を行う。八丁原地熱発電所では分離された熱水はまだ高温高圧であるので，フラッシャーという減圧容器に入れて2次的に蒸気をつくり，これをタービン後段の低圧側部分に入れ発電量の増加(20%程度)に寄与している。このような方式をダブルフラッシュ方式の発電という。フラッシャーを通さない普通の発電方式をシングルフラッシュ方式という。フラッシャーから出てくる熱水は還元井を通じて地下に還元される。このように，地熱発電所においては多量の熱水を地下から取り出して，また地下に戻すということを行っているが，そのような地下における流体の質量変化を検出することが可能である。そのための手法として，重力変化観測による地熱貯留層モニタリング手法がある。生産ゾーンおよび還元ゾーンを取り囲む領域において，繰り返し重力観測を行い，重力変化を検出し，地下における流体の質量収支を明らかにするのである(江原・西島, 2004)。図12に八丁原地域における重力観測点の分布(図中●印)を示した。

　まず，還元ゾーンおよび生産ゾーンにおいてどのような重力変化がえられたか，典型的な例を図13(A)および(B)に示す。図中(A)は還元ゾーンでの例である。還元ゾーンでは地熱発電所の運転開始(八丁原地熱発電所では1990年7月より2号機の運転が開始されたが，その直前から重力の測定を開始している)後，不用熱水の還元を開始しているが，それに対応して，重力が増加している。しかし，1年程度後から減少に転じ，その後増減を繰り返しているが，全体としてほぼ一定の重力値を示している。これは以下のように説明される。熱水

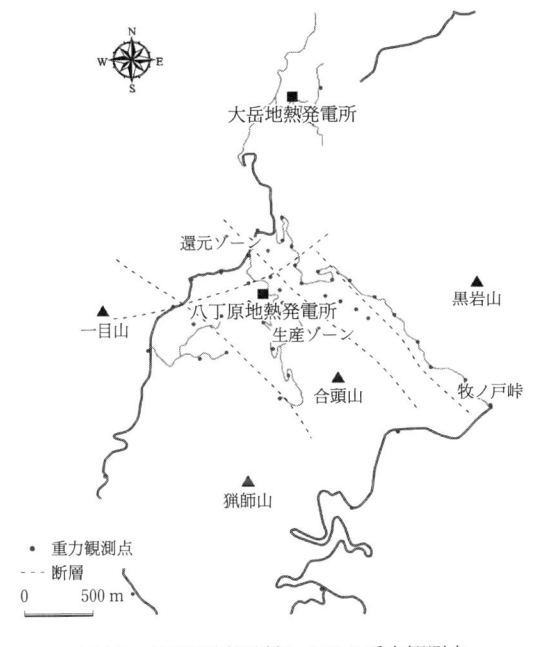

図12　八丁原地熱地域における重力観測点

を還元することによって地下に水が滞留するので，質量が増えて重力が上昇する。しかしある程度上がる（圧力が上がるといっても良い）と，また下がる。こういうことを繰り返していって，全体としてほぼ一定の重力を維持している。これは地下に還元した熱水が一時的にその井戸の周囲に滞留するけれども，やがて周辺に拡散することを示していると考えられる。どこに拡散して行くかというと八丁原地域の場合は，重力変化から推定される流体質量収支と還元熱水のトレーサー試験を組み合せて考えると，還元熱水の4分の3が生産ゾーンに戻り，残りの4分の1は系外に流出していると推定される。

図13(B)には，生産ゾーンにおける重力変化が示されている。生産ゾーンの重力値は，発電（蒸気の生産といっても良い）が始まると，急激に下がっている。地熱流体の生産をすると，地下の質量が減るがこれにともなって地熱貯留層の圧力が減少するのである。すると貯留層内に新たな圧力勾配ができるので，周囲から地熱貯留層へ流体の補給が始まる。重力が下がり続けるということ

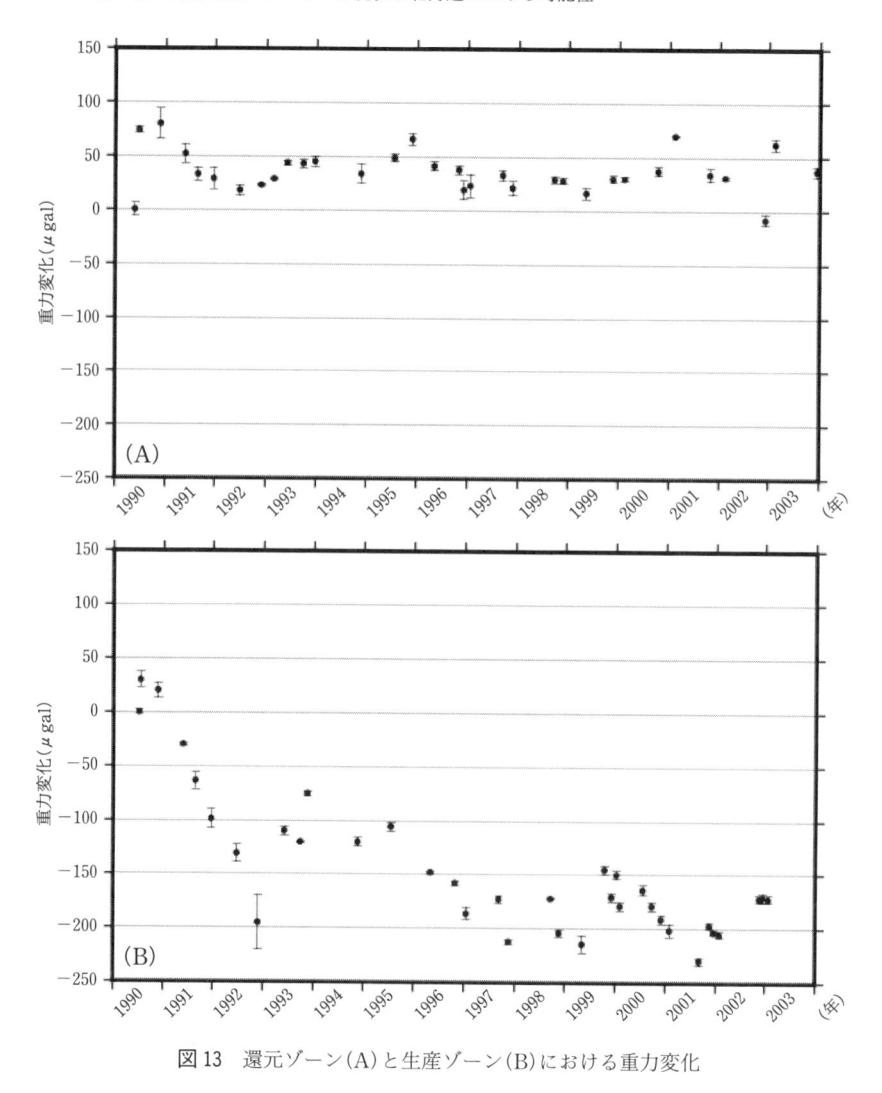

142　第II部　再生可能エネルギーの現状と北海道における可能性

図13　還元ゾーン(A)と生産ゾーン(B)における重力変化

は，補給が十分でないことを示している．補給が不十分な状態が継続されると，重力はさらに低下を続けていることが予想される．しかし，図13(B)に示されているように，観測された重力値はしだいに減少の程度を減じ，運転開始7年後程度以降，増減はあるが全体としてほぼ一定の値を示すようになっている．これは，発電にともなって失われた蒸気に相当する熱水の量が

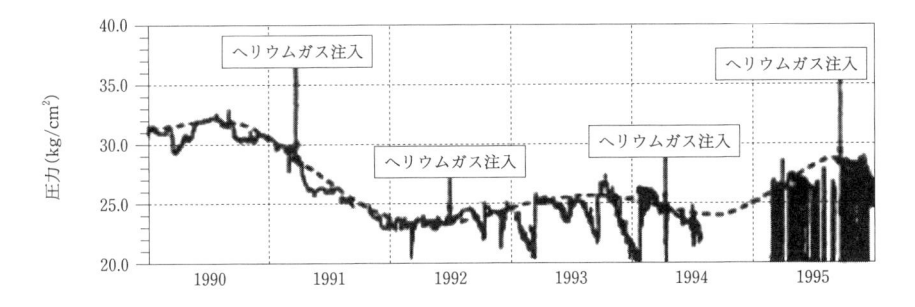

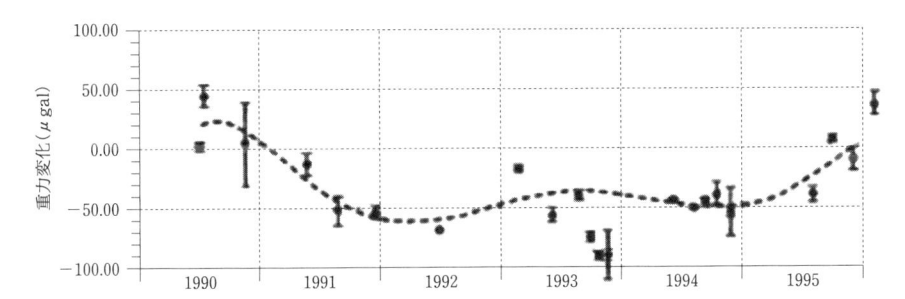

図14 地熱貯留層の圧力変化(上)と直上で観測された重力変動(下)の良い対応(田篭ほか，1996より)。相関係数：0.93，深さ＝750 m。圧力測定はヘリウムガス雰囲気下で行われるため，適宜ヘリウムガスが注入される。

地熱貯留層周囲から補給されていることを示していると考えられる。なお，地表で重力変化として観測しているものが本当に地下の状態を反映しているかどうかを示すために図14に地熱貯留層内の圧力変化とその直上の地表で観測した重力値の変化を対応させて示した(田篭ほか，1996)。地下の圧力の変化は地下における流体質量の変化に対応していると考えられる。すなわち，圧力が高い場合は，密度が大きい，したがって質量が大きいことに相当すると考えられる。図14は実際，圧力が高くなると重力が増加しており，合理的な対応を示していると考えられる。

次に重力値が空間的にどのように変化したかを示す。2号機運転開始直後の1年間と運転開始10年後の重力変化の空間的パターンの変化を図15および図16に示した。図15では，還元ゾーンでは重力は上昇し，生産ゾーンではかなり広域に重力減少ゾーンが広がっていることが見て取れる。一方，図

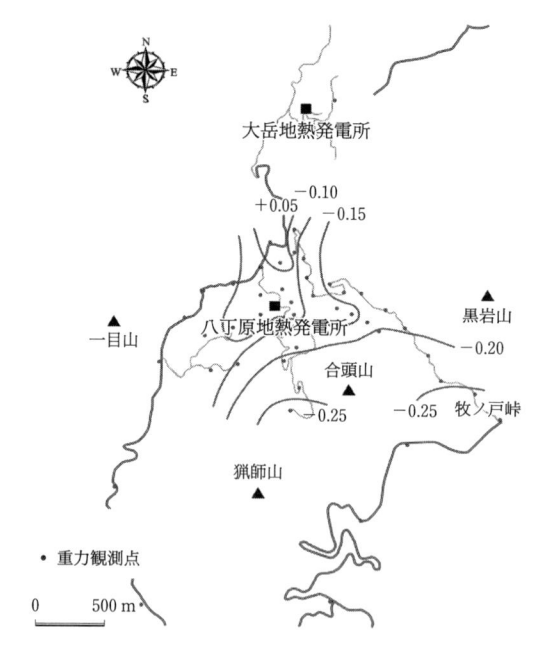

144　第II部　再生可能エネルギーの現状と北海道における可能性

図15　重力変化図。1991年7月〜1992年6月。単位はμgal/day

16で示した10年経過した時点での重力変化パターンは大きく異なっている。まず，還元ゾーンの重力上昇は見られず，また，生産ゾーンでの広域の重力減少は消失している。このことは，生産開始直後では，還元ゾーンでは熱水の蓄積，生産ゾーンでは熱水の消失が発生したが，しだいにそれらは解消したと理解される。10年後でも局地的に小規模な重力増加・重力低下が見られるがこれは新たな還元井および生産井の掘削にともなった局地的な増減であり，貯留層全体としては，質量はほぼ一定であることを示している。

　図17に，運転開始10年後の時点における1年間(1999年10月〜2000年10月までの1年間)の流体質量収支を見積った結果を示す。この1年間，八丁原発電所では22.7 Mt(メガトン)の流体が生産され，14.4 Mtの熱水を還元したことがわかっている。したがって，発電にともなって，8.3 Mtの流体質量が失われたことになる。一方，重力変化の解析から，この期間に失われた質量を独立に評価することができ，それは1.0 Mtと評価された。発電にとも

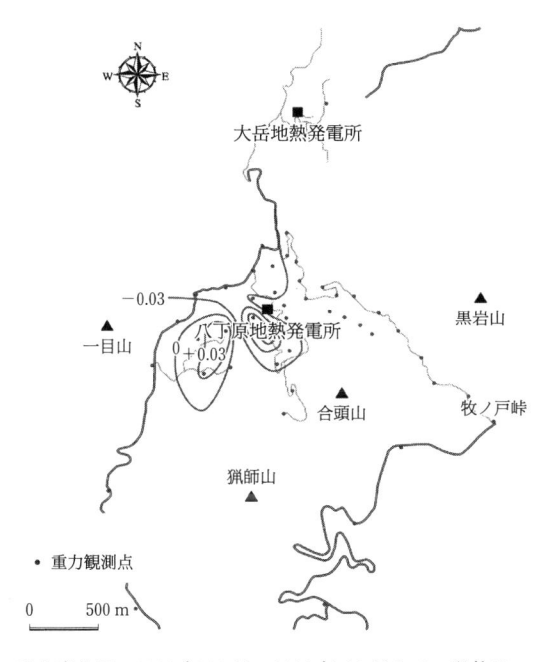

第6章 地熱エネルギー利用の現状と見通し　145

図16　重力変化図。2000年10月～2001年10月まで。単位は μgal/day

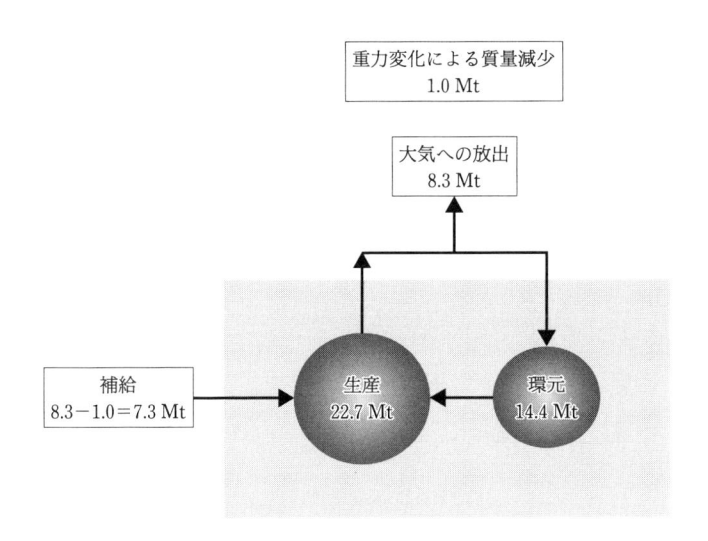

図17　1999年10月～2000年10月における水収支モデル

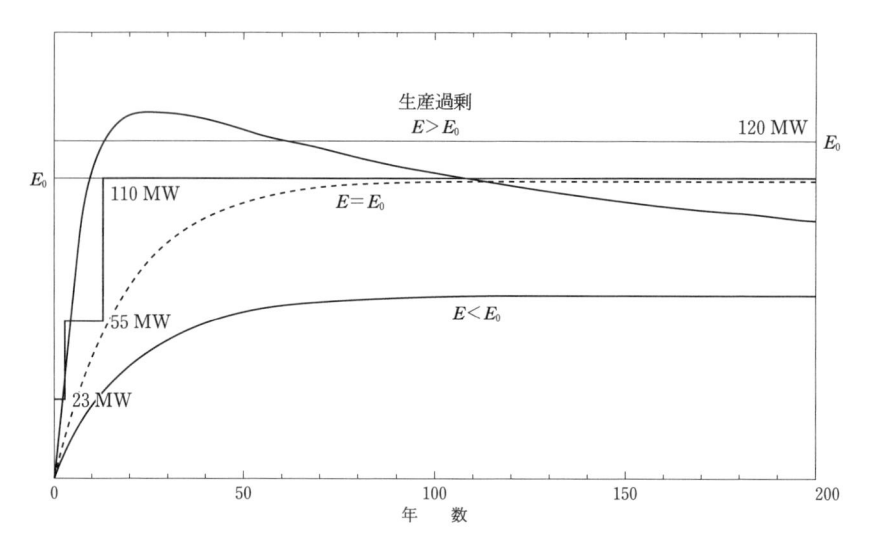

図18 八丁原地熱発電所における段階的開発による持続可能な発電の実現。E および E_0 は図10と同じ

なって8.3 Mt 減ったはずなのに，観測してみると1.0 Mt しか減っていないのである。この8.3 Mt から1.0 Mt を引いた7.3 Mt が，周囲から地熱貯留層に補給された流体質量ということになる。すなわち，この時点では地下から失われた質量の約9割が補給され，地下流体質量のバランスが回復しつつあることを示している(江原・西島，2004)。

図18に，八丁原地熱発電所における持続可能な発電の考え方を示した。最初は5万5,000 kW のタービンを使って発電をして(なお，設備容量は5万5,000 kW であったが，最初は認可出力2万3,000 kW でスタートし，しだいに出力を増加させ，運転開始後約3年で設備出力に見合う認可出力になっている)，かなり余裕があるということで，もう1機増やして，倍の11万 kW となっている。なお，2006年に認可出力2,000 kW のバイナリー発電所が設置され，合計認可出力が11万2,000 kW になっている。

図18において，現在の八丁原地熱発電所は運転開始から，36年の時点に達しており，ほぼ認可出力近くの発電を継続している。重力変化から見て，貯留層内の質量がバランスしつつあるので，この出力で長期間継続可能と考

えられる。一方，八丁原地域には多量のデータが蓄積されており，それらを用いて，数値シミュレーションによって，持続可能な発電量を検討した結果，12万kWと評価されている(Tokita et al., 2006)。この値は，認可出力よりやや大きい値であり，八丁原地熱発電所に設置されている11万2,000 kW という設備は適切な出力規模と考えることができる。今後，適切なモニタリングとモデリングにより，長期間の安定発電すなわち，持続可能な地熱発電を実現して欲しいと思っている。

　以上のように，持続可能な発電は，地下深部の地熱貯留層の質量バランスを維持することから，浅部に存在する温泉帯水層への影響を最小化することができる。このような持続可能な発電は，とりもなおさず経済性にも直結する。また，適切な生産量を維持することから，過剰な井戸掘削を避けることができ，したがって，地形改変への影響も最小化でき，国立公園の景観問題に対しても影響の最小化を実現することができる。すなわち，持続可能な発電は自然環境への影響を最小限にするとともに，経済性も最大限に高めるものであり，地熱発電においては，こういうものを目指す必要があると考えられる。

7. 2050年自然エネルギービジョンにおける地熱エネルギー

　最後に地熱エネルギーの将来の可能性について議論することにする。現在，地球温暖化問題の議論においても，2050年という時点がひとつの目標時点になっており，2050年において，わが国にはどの程度の自然エネルギー(再生可能エネルギー)の供給ポテンシャルがあるか，そして，その時点において，自然エネルギーはどのような貢献が可能かどうかを，ほかの自然エネルギー団体と協力して評価を行った(環境エネルギー政策研究所, 2008；江原ほか, 2008)。

　各エネルギー団体は，それぞれの自然エネルギーによる可能性を最大限拾い上げることにした。そこでは，2050年においては，GDPの成長率が1%程度の安定成長，地域重視，自然志向というような社会を想定した。また，2050年のエネルギー使用量も現在より20%減少したものを想定した。また，化石燃料は，できるだけ後世に残すべきとし，化石燃料発電あるいは原子力

発電は最小限にしたとき，2050年にどのようなエネルギービジョン(2050年自然エネルギービジョン)が描けるかを追求したものである．そして，各エネルギー団体がそれぞれの評価を行い，それらを積算して全体を評価することにした．以下では，まず，地熱エネルギーについて述べる．

　地熱発電に関しては従来の天然蒸気による発電だけでなくて，バイナリー発電をかなり強化することにした．温泉バイナリー発電も大きく進める．シナリオとして3つ，ベースシナリオ(最低限実現しなければならないシナリオ)，ベストシナリオ(かなりの努力が必要なシナリオ)，そしてドリームシナリオ(温泉問題や国立公園問題が解決しかつ，現在評価されている地熱資源量の半分が利用可能となるような抜本的なシナリオ)を想定した．その結果，ベースシナリオやベストシナリオでは地熱発電の貢献は限定的なものとなった．しかしながら，ドリームシナリオであれば，2050年時点では総電力需要量の10.2%をシェアすることが可能であることが明らかにされた(図19，図20，環境エネルギー政策研究所，2008)．これは相当な努力が必要なシナリオであるが，図19中に示したインドネシアの例では，インドネシアは日本よりも少し資源量が多いのであるが，実は我々よりもはるかに高い目標を持っているのである．現実のインドネシアではどうなっているかというと，この目標よりも到達程度は低くなっている．しかし，目標を達成するために追加プログラム(加速プログラム)をつくり，目標に近づこうとしている．再生可能エネルギーを大きく伸ばしていくためには，少しずつできる範囲で増やしていこうという考え方ではな

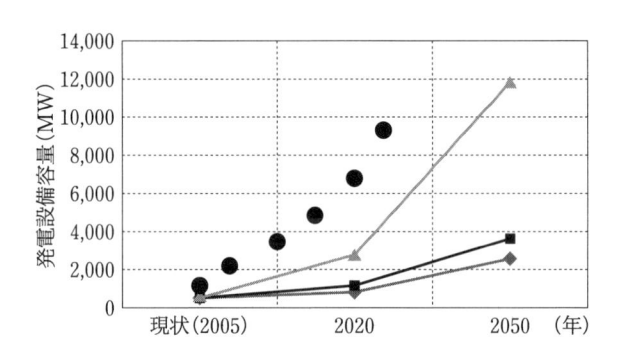

図19　シナリオ別地熱発電設備容量の比較。◆ベースシナリオ，■ベストシナリオ，▲ドリームシナリオ，●インドネシアの国家目標

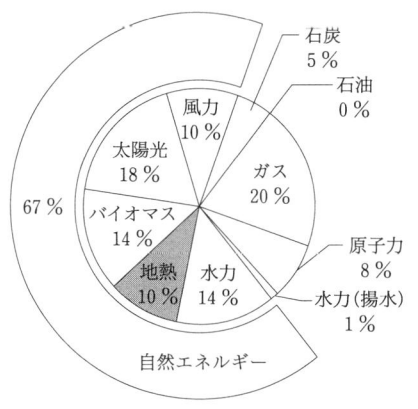

[図: 2050年のエネルギー源別の電力量の割合を示す円グラフ。自然エネルギー67%（内訳：太陽光18%、風力10%、バイオマス14%、地熱10%、水力14%）、ガス20%、石炭5%、石油0%、原子力8%、水力（揚水）1%]

2050年のエネルギー源別の電力量の割合

図20　2050年自然エネルギービジョンにおける地熱発電の貢献(環境エネルギー政策研究所，2008より)。2050年の電力量の全体は8,366億kWh(参考：2000年の電力量は10,427億kWh)

かなか困難と考えられ，高い数値目標を決めて，それに邁進する姿勢がなければ目標達成は難しいと思われる。2050年にはわが国の人口は30%程度減少することが予測されており，また，省エネルギーあるいはエネルギー利用の高効率化は確実に進むことから，日本の総電力需要量は確実に減少すること，さらに，2050年時点においては，浅部の火山性地熱資源だけでなく，高温岩体発電やマグマ発電なども視野に入ってくる可能性が十分ある。これらのことは，地熱発電の寄与を10〜20%に高める可能性を含んでいると考えられる。

　2050年自然エネルギービジョンの全体的結果として重要なことは，2050年時点で，総電力需要量の3分の2は再生可能エネルギーでまかなうことができるという見通しを示したことである。残りは天然ガスと石炭の貢献を期待している。実はこのシナリオは3.11以前に作成されたものであるが，不足分8%を原子力発電でまかなうことを想定していた。しかしながら，3.11後，その数値を十分超える節電が実現されており，これは実質的に原子力発電を必要としないシナリオが描けることを示している。さらに重要なことは，特定のエネルギーが大きな貢献することはなく，各エネルギーが10〜20%

程度のシェアをしていることである。これはリスク分散という点からすると，非常に重要なことと考えられる。

8. おわりに

　地熱エネルギーは火山国日本にとって恵まれた再生可能エネルギー資源であり，発電量に換算した資源量は2,000万kWを超え，米国，インドネシアに次ぐ世界第3位の地熱資源大国である。資源量および開発技術にも優れているわが国であるが，国の消極的な政策を背景とした「発電コスト問題」，「国立公園問題」，「温泉問題」という3つの障壁を乗り越えることができず，従来の利用は限られたものであった。
　しかしながら，東日本大震災・福島第一原発事故後，国のエネルギー政策の根本的な見直しのなかで，ベース電源としての地熱発電に注目が集まっている。現在3つの課題の改善が進行中であり，全国各地の30か所以上で地熱発電(中小規模の温泉発電を含む)を目指した調査が展開しつつある。地熱発電は調査から発電開始までのいわゆるリードタイムが長く，その本格的寄与は2020年以降になると考えられるが，当面は中小規模の地熱発電・温泉発電の開発が進むと考えられる。このようなプロセスを通じて，2050年には総電力需要量の10～20％程度の貢献を目指したいものと考えている。

[引用・参考文献]
天野　治．2007．エネルギーの「質」から，将来の石油代替エネルギーを考える．電中研ニュース，439：表紙．
Axelsson, G., Armannsson, H., Bjornsson, S., Floventz, O. G., Gudmundsson, A., Palmasson, G., Stefansson, V., Steingrinmsson, B., and Tulinus, H. 2003. Sustainable production of geothermal energy, Suggested definition. 1.
Bertani, R. 2010. Geothermal power genaration in the world 2005-2010. Update report. Proc. World Geothermal Congress 2010. CD-ROM.
地熱開発研究会．2006．地熱開発研究会報告書．pp. 1-50．
電力中央研究所．2010．電源別のライフサイクルCO_2排出量を評価．電中研ニュース，468：表紙．
江原幸雄・西島　潤．2004．地熱資源の持続可能性に対する観測的立場からの検討——重力変動観測から見た持続可能性．日本地熱学会誌，26(2)：181-193．
江原幸雄・安達正畝・村岡洋文・安川香澄・松永　烈・野田徹郎．2008．2050年自然エネ

ルギービジョンにおける地熱エネルギーの貢献. 日本地熱学会誌. 30(3): 165-179.
環境エネルギー政策研究所. 2008. 2050年自然エネルギービジョン.「再生可能エネルギー展望会議」参考資料. pp. 1-12.
環境省自然環境局. 2012. 温泉資源の保護に関するガイドライン(地熱発電関係): 1-51.
火力原子力発電技術協会. 2013. 地熱発電の現状と動向2012年. pp. 1-95.
Momita, M., Tokita, H., Matasuda, K., Takagi, H., Soeda, T., and Koide, K. 2000. Deep geothermal structure and the hydrothermal system in the Otake-Hatchobaru geothermal field, Japan. Proc. 22nd New Zealand Geothermal Workshop: 257-262.
村岡洋文. 2009. 3. 資源量評価. 地熱発電, 61-69. (社)火力原子力発電技術協会.
日本地熱学会. 2010. 報告書「地熱発電と温泉利用との共生を目指して」. pp. 1-62.
日本地熱学会IGA専門部会(訳). 2006. 地熱エネルギー入門. pp. 1-50.
日本地熱開発企業協議会. 2011. 地熱発電——日本と世界の動向. pp. 1-2.
田篭功一・江原幸雄・長野洋士・大石公平. 1996. 八丁原地熱地帯における重力モニタリング結果からの地熱貯留層の挙動に関する一考察. 日本地熱学会誌, 18(2): 91-105.
Tokita, H., Lima, Enrique, M., Itoi, R., Akiyoshi, M., and Senju, T. 2006. Application of coupled numerical reservoir simulation to design a sustainable exploitation of the Hatchobaru geothermal field. Renewable Energy Conference, Chiba, Japan: 1549-1552.
Rybach, L. and Mongillo, M. 2006. Geothermal sustainability: A review with identified research needs. GRC Transactions, 30: 1083-1090.

第7章 家畜ふん尿バイオマス利用

松田從三

1. はじめに

　バイオマスとは，再生可能な生物由来の有機性資源で化石資源を除いたもので，太陽のエネルギーを使って生物が合成したものであり，生命と太陽がある限り，枯渇しない資源であって，焼却などしても大気中の二酸化炭素を増加させない，カーボンニュートラルな資源と定義されている。バイオマス・ニッポン総合戦略は2002年12月に閣議決定されたが，2005年2月の「気候変動に関する国際連合枠組条約の京都議定書」などの戦略策定後の情勢の変化を踏まえて2006年3月に見直しがなされた。この見直しのなかでバイオマスは廃棄物系バイオマス，未利用バイオマス，資源作物と分類され，これらの活用によるバイオマスタウン構想の加速化などをはかるための施策が推進されてきた。

　表1にバイオマスの分類，表2に2010年現在のわが国のバイオマス賦存量および利用率を示す。これらから明らかなように廃棄物系バイオマスが圧倒的に多いことがわかる。表2を合計すると2万5,550万トンとなり，そのなかでも本章の課題である家畜ふん尿(排せつ物)は8,800万トンと35％を占め最も多いのがわかる。

　家畜ふん尿は表2に示すように利用率90％とあるようにほとんどが堆肥として農地利用されていることになっている。しかし現実には，堆肥舎から

表1　バイオマスの分類

廃棄物系バイオマス	未利用バイオマス
廃棄される紙 家畜ふん尿 食品廃棄物 建設発生木材 製材工場残材 黒　液 下水汚泥 し尿汚泥	稲わら，麦わら もみ殻 林地残材 （間伐材，被害木など） **資源作物** 飼料作物 でんぷん系作物など

表2　日本のバイオマス賦存量および利用率（2010）

種　類	発生量 (約万トン)	利 用 方 法	利用率 (約%)	未利用率 (約%)
家畜排せつ物	8,800	堆肥などへの利用	90	10
下水汚泥	7,800	建築資材・堆肥などへの利用	70	30
黒液	1,400	エネルギーへの利用	100	0
廃棄紙	2,700	素材原料・エネルギーなどへの利用	60	40
食品廃棄物	1,900	肥料・飼料などへの利用	25	75
製材工場など残材	340	製紙原料・エネルギーなどへの利用	95	5
建設発生木材	410	製紙原料・家畜敷料などへの利用	70	30
農作物非食用部	1,400	堆肥・飼料・家畜敷料などへの利用	30	70
林地残材	800	製紙原料などへの利用	2	利用なし

流れ出したり地中に浸透したり，農地やその脇に野積みされた状態で流亡している例は多く見られ，実際に有効利用されている率はこれよりかなり低いものと考えられる。それが証拠に例えば北海道オホーツク沿岸では，乳牛ふん尿が河川に流れこみ海を汚すということで農協と漁協の諍いは絶え間ない。これも農地面積に比べて牛の頭数が増えたためにふん尿などを散布する農地が不足していること，畜産農家が忙しすぎてふん尿管理をしっかりやっていないことなどが大きな原因になっている。今後は農地面積に合わせた適正規模頭数にすることはもちろんであるが，農地が不足の畜産農家は畑作農家にふん尿を利用してもらうような手立てがますます必要になるであろう。それでもまだ利用先が見つからない場合は燃料化もひとつの手段として考えなければならない。

2. 家畜ふん尿の処理方法

　わが国で飼育されている家畜は，乳用牛，肉用牛，豚，採卵鶏，ブロイラー，羊，馬などがあり，それぞれふん尿処理法式は異なるが，本章では主として乳用牛のふん尿について述べる。2013年道内には乳用牛総頭数で約82万頭が7,200戸の酪農家で飼育されており，その約78%がつなぎ飼い(図1)というタイストールなどで牛を一か所に固定して飼う方式を採用している。牛はこの牛床で給与された餌を食べ，搾乳され，排ふんし，ここが寝所となる。この方式では一般に麦稈やオガコなどの敷料が用いられ，これは畜舎外に送られて堆肥化される。一方残りの22%の酪農家はフリーストール(図2)という牛が自由に動ける状態で飼育し，牛は牛床，餌場を自由に行き来できる。搾乳は朝夕2回ミルキングパーラーに導かれて行われ，搾乳が終わると牛床・餌場に戻る。現在北海道の酪農家の1戸当たりの平均飼育頭数は約

図1　つなぎ飼い方式

図2　フリーストール方式

100頭であるが，フリーストール飼育の酪農家は200頭規模以上の大型酪農家が約半数である。この方式ではふんと尿は通路に排せつされ，バーンスクレーパーなどで集められふん尿溝に落とされてバーンクリーナでふん尿溜に運ばれる。このシステムでは一般的にふんと尿は混合されているのでスラリー状になっており，ポンプで輸送可能である。これから述べるバイオガスプラントは原料としてこのフリーストールから排出されるスラリー状のふん尿がおもに用いられる。

3. 家畜ふん尿バイオガスプラント

家畜ふん尿をエネルギー利用することについては，1960・70年代に本州の養豚農家でふんを乾燥させてこれを燃料として畜舎を暖房する方式がかなり使われていた。現在は嫌気性発酵させてバイオガスを発生させ，これを燃料としてエネルギー利用する方式が最も多い。といっても現在全国で90か

所，北海道で50か所程度のバイオガスプラントがあるだけで日本国内での数は非常に少ない。ドイツの8,000か所とは大きな違いである。これ以外のエネルギー利用としては九州にブロイラーふんを燃料として火力発電しているプラントがあり，また道内では乳牛ふん尿を堆肥化して乾燥させペレット燃料として火力発電するプラントが計画中という程度である。

家畜ふん尿バイオガスプラントは図3に示すように荷受槽にふん尿を受け入れて混合攪拌する。このふん尿スラリーの固形分濃度が濃すぎる場合は加水して濃度を調整する。流動性が十分になったところで発酵槽にポンプで送られる。発酵槽への投入は1時間に1回とか1日に複数回行われる。発酵槽容量は38℃程度の中温発酵の場合，牛の排せつ量65 kg/日頭，頭数，発酵日数25〜35日をかけてそれに加水量や余裕を20%くらいみて決定される。その結果，一般的には200頭規模では500 m³くらいになっている。25〜35日の滞留日数の間にメタン発酵し，バイオガスを発生する。発生量はふん尿1日1トン当たりおおよそ30〜40 m³である。バイオガスは大体60%のメタンと40%の二酸化炭素からなっており，そのほか1,000 ppm程度の硫化水素が混じっている。この硫化水素は非常に腐食性が強いため，生物脱硫や化

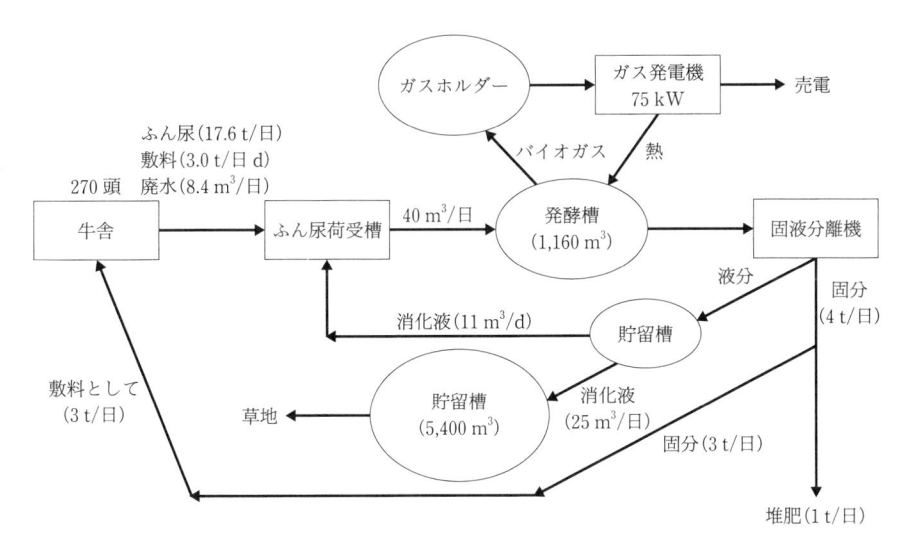

図3　酪農家バイオガスプラントのふん尿の流れの例

学脱硫によって除かれる。バイオガスを溜めるガスホルダーは約3時間分くらい貯留できるものとして200頭規模では70 m³くらいになる。ガスホルダーから出たバイオガスはボイラーの燃料あるいはエンジン発電機の燃料として使われる。

　後述するように固定価格買取制度が施行されたために，バイオガスは発電用に使われることが多くなった。家畜ふん尿のみのバイオガス発電の場合，発電機は300頭規模で50 kW程度になり，発電効率は30％程度である。エンジン発電機には，バイオガスと軽油を燃料とするデュアルフューエルのディーゼルエンジン型とバイオガスだけを燃料とするガソリンエンジン型(火花点火式)がある。いずれもコージェネレーションシステムであり，排熱は発酵槽の加温に主として使われ，余剰熱は原料の加熱，通路の床暖房などに使われている。しかし熱の利用率は低く，バイオガスプラントの熱効率を上げるためには熱の利用をもっと考えなければならない。

　メタン発酵が終わった発酵済液は家畜ふん尿バイオガスプラントでは消化液と呼ばれている。下水処理では脱離水と呼ばれている。消化液は消化液貯留槽(スラリーストア)に溜められて農地に散布される。スラリーストアの容量は降雪による散布ができない6か月を考慮して6か月分が必要になる。したがって200頭規模のプラントではほぼ3,000 m³程度の大きさになる。ヨーロッパのバイオガスプラントでは，スラリーストアからのメタンやアンモニアの揮散を防ぐためにカバーをつけることが一般的である。消化液の散布は北海道の草地の場合は春先，一番草刈取後，二番草刈取後，それに三番草刈取後あるいは降雪の前に施用される。北海道の家畜ふん尿バイオガスプラントの例を図4・5に示す。

4. 酪農における再生可能エネルギー導入の可能性

　2011年3月11日の東日本大震災にともなう原発事故によって原発の安全性は崩れ，太陽光発電・風力発電やバイオマスなどの再生可能エネルギーが急に脚光を浴びるようになった。2011年8月26日には「電気事業者による再生可能エネルギー電気の調達に関する特別措置法」が成立し，これにとも

図4　家畜ふん尿バイオガスプラント

図5　家畜ふん尿バイオガスプラント

ない日本で再生可能エネルギーを大きく普及させるカギとなる「固定価格買取制度(FIT)」が2012年7月1日にスタートした。

　酪農・畜産においても周りに再生可能エネルギーはふんだんにある。現在酪農・畜産業で導入されている再生可能エネルギー技術としては，太陽光発電と家畜ふん尿によるバイオガス発電がある。

　太陽光発電は酪農家にある広い牛舎の屋根を利用したい。北海道浜中町では地上設置型であるが105戸の酪農家に各戸10kWの太陽光電池を導入す

るという非常に先進的な取り組みを行った。道内酪農家の牛舎屋根にどのくらいの太陽光電池を取りつけることができるかわからないが，大きなポテンシャルがあることは間違いない。休耕田に太陽光電池という電田構想もあるが，水田の保水力はなくなり農地として再生できるのか大きな問題があり，これは絶対止めて欲しい。畜舎の屋根に設置する方が賢明な方法と思う。ただ近年農地に簡易な支柱を立てて営農を継続しながら上部空間に太陽光発電などの発電設備を設置する技術，いわゆるソーラーシェアリングによる農地転用が3年以内は認められるようになってきている。

　メガソーラーとかメガ風力を本州の大手資本が地方に設置するのは日本の再生可能エネルギーを増加させる意味で良いことであると思うが，これらの設置によって地方に産業が創出され，雇用が生じるものだろうか。一時的にはそれらの建設にともなう雇用創出はあるだろう。しかしもともと管理があまりいらない発電設備であり，その地域に継続的な雇用が生まれるとは考えにくい。地域に恩恵があるのは低額な借地代と固定資産税の収入だけになる。それでも過疎地では良い収入になるのかもしれない。北海道における太陽光発電では発電収入は本州資本に持っていかれ，そのかなりの部分が中国のメーカーに流れる。北海道民は高い電気量を払わされるだけでなんのメリットもない。地元資本少なくとも北海道資本による太陽光発電事業でなくては北海道には経済的メリットはない。またFITは20年経ったら終了することになっているが，そのときこれら発電設備はどうなるのか，買取がなくなったらもとの更地に戻しておく契約をする必要があるのではないか。

　さらに私が重要と考えているのは，2011年3月の災害時のようにエネルギーが不足したときに，再生可能エネルギーで発電した電力をその地域で利用できるようにすることである。これからの地域分散型の再生可能エネルギーは，災害時などにはその地域で利用できるシステムにしなければ地域に設置した意味は半減してしまい，地産地消のエネルギーとはいえなくなる。しかし現在の法律や電力配送システムではそのような地域利用はできない。

　ただ酪農においては太陽光発電よりもふん尿バイオガス発電をまず推し進めるべきである。しかしバイオガス処理は発電を目的とするものではない。ふん尿処理が目的である。この処理によってふん尿の悪臭の低減化，消化液

の高品質肥料化，消化液施用による化学肥料の減量化，消化液の固液分離による固分の敷料化による環境改善，経済性改善，牛の健康管理改善など酪農経営でのメリットは非常に大きい。その上，売電による経済効果もあると考えるべきである。

5. バイオガス発電のメリット

家畜ふん尿バイオガス処理は，表3に示すように4つの機能を持つとともに，太陽光発電や風力発電に比べてエネルギー生成の安定性が高い。

5.1 家畜ふん尿バイオガス発電による温室効果ガス排出削減効果

バイオガスプラントは，密閉したふん尿処理設備で嫌気的発酵を行った際に発生するバイオガスを石油代替燃料として利用するエネルギー回収設備である。もちろん家畜ふん尿処理が第一の目的であり，エネルギー回収は副次的な余得である。さらにバイオガス処理の特徴は二酸化炭素排出量が非常に少ないということである。表4・5は2004～2006年に調査した結果であるが，表4は乳用牛100頭規模のふん尿を最も一般的な堆肥化処理した際の1年間の二酸化炭素排出量である。表5はバイオガス処理の二酸化炭素排出量である。

このようにバイオガス処理は，慣行の堆肥化に比較して排出量は242トンも少なく約9分の1である。100頭の乳用牛のふん尿をメタン発酵して発電すると1年間に約9万5,000 kWhの発電量となり，またこの発電量による二酸化炭素排出削減量は48トンになる。したがってバイオガス発電による

表3　バイオガス処理が持つ機能の比較

機能＼施設	太陽光	風力	バイオガス	堆肥
廃棄物処理	×	×	○	○
エネルギー生成	○	○	○	×
温室効果ガス削減	○	○	◎	×
有機質肥料製造	×	×	○	○

◎：大変すぐれている，○：すぐれている，×：劣っている

表4 乳用牛100頭規模ふん尿処理における二酸化炭素排出量，堆肥化処理

	CO_2 kg	CH_4 kg	N_2O kg
堆積時揮散		5,967	391
圃場からの揮散	5,826		6
バックグランド		52	38
ガス計	5,826	6,019	435
温暖化係数	1	23	296
温暖化負荷	5,826	138,427	128,760
総負荷 (t-CO_2eq/100 H)	\multicolumn{3}{c}{(CO_2+CH_4+N_2O) 273.0}

CO_2：二酸化炭素，CH_4：メタン，N_2O：亜酸化窒素，H：頭

表5 乳用牛100頭規模ふん尿処理における二酸化炭素排出量，バイオガス化処理

	CO_2 kg	CH_4 kg	N_2O kg
商用電力	5,472		
消化液からの揮散		396	
圃場からの揮散			7
散布時化石燃料	1,599		
バックグランド		52	38
ガス計	7,071	448	45
温暖化係数	1	23	296
温暖化負荷	7,071	10,304	13,320
総負荷 (t-CO_2eq/100 H)	\multicolumn{3}{c}{(CO_2+CH_4+N_2O) 30.7}

CO_2：二酸化炭素，CH_4：メタン，N_2O：亜酸化窒素，H：頭

二酸化炭素排出削減量は$(242+48)/95,000=3$ kgCO_2/kWh となる．太陽光発電や風力発電による二酸化炭素排出削減量は 0.5 kgCO_2/kWh であるから，バイオガス発電は6倍も二酸化炭素の排出量を削減できることになる．このようにバイオガス処理は二酸化炭素排出量削減に大きな効果があり，環境への負荷が少ないということからほかの再生可能エネルギーより推進する意味が大きいと考えている．

5.2 バイオガス処理によるふん尿の悪臭低減効果

バイオガス処理は肥料効果も大きい。しかし最も大きい効果はふん尿臭など悪臭が低減できることである。近年酪農の大規模化と酪農地帯の都市化で悪臭問題は顕在化してきている。悪臭を低減するためにバイオガス処理を選ぶという酪農家も多い。都市近郊の酪農家ばかりでなく道北・道東の酪農家でも悪臭低減が目的という。それだけ周囲の一般の人たちのふん尿臭に対する寛容性はなくなってきているし，観光客からの苦情も増えている。バイオガス処理によって無臭化にはならないがふん尿臭はほぼなくなる。北海道大学や酪農学園大学では消化液散布の際に悪臭による住民からの苦情はなくなっている。

家畜ふん尿のメタン発酵済である消化液の肥料効果も大きい。悪臭のなくなった消化液は生のふん尿に比べて無機態窒素が多くなっており，化学肥料と同じような速効性を持つ。それとともに有機物も多く含むため堆肥のような遅効性と土壌改良効果も併せ持つ。現在消化液を有価で販売しているバイオガスプラントは少ないが，その価格は 100〜500 円/トンと安価である。消化液の肥料成分から考えると消化液は 2,000 円/トン以上の価値を持つ。さらに消化液は 38℃程度で発酵処理されているので雑草種子の発芽能力を減らすという効果も大きい。

一方バイオガス処理はふん尿を減量化しないため，消化液は水分が高く大量となり，貯留槽も大きく，散布にも時間がかかる。将来低コストで消化液の濃縮化ができれば，貯留，散布も簡便になる。

5.3 消化液中の固形分の敷料化

消化液中の固形分の敷料化は大きな経済的効果があり，牛の管理改善ができる。消化液の固形分濃度は 3% 程度であり，この固形分を固液分離機によって分離すると 60% 程度の低水分になるためにすぐに好気性発酵でき，これによって乳房炎を起こす細菌などは殺菌される。これを牛床の敷料に利用するわけである。近年敷料の材料となる麦稈，オガコなどが不足していて非常に高価で取引されている。このような敷料の代替品として固形分を使うわけである。この固形分の利用は高額な敷料購入を減らす経済的効果も大き

いし，乳房炎も減少するし固形分の水分吸収が良いため牛体の汚れが少なくなるというメリットもある。

5.4 家畜ふん尿による発電可能量

北海道の家畜ふん尿発生量を 2,000 万トン/年とすると発電出力は 15 万 kW，発電ポテンシャルは 1,300 GWh/年となる。また同じく日本の家畜ふん尿発生量を 9,000 万トン/年とすれば，発電出力 67 万 kW，発電ポテンシャルは 5,800 GWh/年となる。もっと身近に，例えば乳牛 300 頭からのふん尿 19 トン/日では，発電出力は 50 kW，発電ポテンシャルは 420 MWh/年となる。この数字は発電機稼働率 100％の場合の出力であり，設定条件としてバイオガス発生量は家畜ふん尿 1 トン当たり 35 m³/トン(メタン濃度 56%)，発電効率は 30%とした場合である。

さらにバイオガス発電の大きな利点は，火力発電所のように 365 日 24 時間安定して発電できることである。これは日射や風速によって発電量が左右される太陽光発電や風力発電との最も大きな違いである。さらにガスホルダーにバイオガスを溜めておけば必要なときに発電でき，発電機も大きくなることから連続運転よりもっと大きな発電出力も可能というエネルギー貯蔵性を持っていることである。しかし上述したように日本の家畜ふん尿によるバイオガス発電の賦存量は非常に小さい。ただし 1 戸の酪農家で見れば自家消費しきれない電力量である。酪農家が複数集まってバイオガスプラントを建設すれば，自家消費のほか，コミュニティで天候に左右されることなく安定した上質な電力を供給できる小型分散型発電所になりうる。しかし現在の法律や配送電システムでは発電した電力をその地域で使うようになっていない。

6. 再生可能エネルギー固定価格買取制度(FIT)

2012 年 7 月にスタートした「固定価格買取制度」によれば第 9 章表 3 に示すように太陽光発電は 40 円/kWh(10 kW 以上，ただし 2013 年 4 月から 36 円)，風力発電 22 円/kWh(20 kW 以上)，バイオガス発電は 39 円/kWh の調達価格

(買取価格)となっている。これらはいずれも税抜き価格であって，大方の予想よりかなり高い価格となった。調達期間は，太陽光発電 10 kW 未満 10 年，地熱発電 15 年を除いていずれも 20 年としている。

　従来のバイオガスプラントでは，酪農家が購入している電気は 11〜15 円/kWh 程度であり，また北海道電力の RPS 法(電気事業者による新エネルギー等の利用に関する特別措置法)による買取価格は日中で 10.5 円/kWh，夜間は 4.5 円/kWh，平均すると 7.5 円/kWh 程度と低価格に設定されていた。さらにこれら RPS による買取は余剰電力だけである。この価格では売電するよりも自家消費した方が購入電力を削減するという経済的効果は大きい。ちなみに 2012 年 6 月現在で，北海道には RPS 法設備認証を受けていた酪農家は 12 戸しかなかった。

　今回決定された調達価格は，バイオガスプラントを補助金なしで建設する場合を想定しているので，補助金で建てられた既設のプラントの買取価格とは単純に比較はできない。FIT で算定されたプラントは 300 頭規模で 50 kW の発電機を設置すると想定しており，建設価格は 1 億 9,600 万円，運転維持費 920 万円/年・50 kW と見込んでいる。これらの価格は実勢価格よりも高いと思われる。しかし調達価格算定に用いられた価格のためか，いずれのエネルギープラントでも建設価格は実勢価格よりも若干高い傾向のようである。

　この調達価格・期間で経済的に成り立つかどうかをプラントの建設費・運転維持費をもとにして償還期間から計算してみる。その結果，表 6 に示すようにバイオガス化発電の償還年数は 31.7 年となる。家畜ふん尿を原料とす

表 6　償還年数

発電機出力	買取価格 (円/kWh)	発電機 稼働率	20年間 買取料 (千円)	全建設費 (千円)	運転 維持費 (千円/年)	年間 実収入 (千円/年)	償還 年数 (年)	年間実収入 (千円/年) (+600万円)	実償還 年数 (年)	IRR
バイオガス発電 50 kW	39	—	307,476	196,000	9,200	6,174	31.7	12,174	16.1	1
太陽光発電 1,000 kW	40	1,000*	800,000	325,000	10,000	30,000	10.8	—	—	6
風力発電 1,000 kW	22	20**	770,880	300,000	6,000	32,544	9.2	—	—	8
未利用木材 5,000 kW	32	—	25,228,800	2,050,000	135,000	1,126,440	1.8	—	—	8

* 1,000 kWh/kW・年, ** 20%

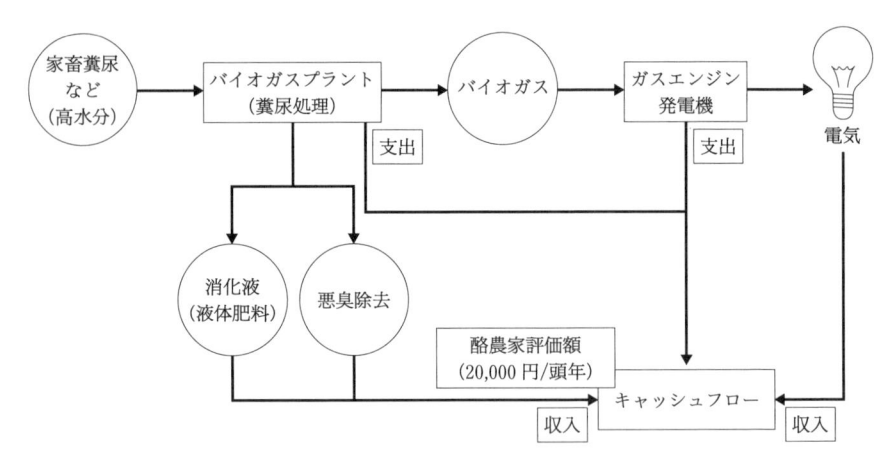

166　第Ⅱ部　再生可能エネルギーの現状と北海道における可能性

図6　家畜ふん尿バイオガス発電のキャッシュフロー

るバイオガス発電については，原料調達のリスクが低いこと，また畜産業に付随する活動であることからIRR(内部利益率)を1％台とし，買取価格は39円/kWhとした結果このような償還年数になっている。ただ図6に示すようにふん尿処理の効果として酪農評価額2万円/頭年を加えて，2万円×300頭で600万円/年の収入があるものとして，この収入を加えると16.1年で償還可能となる。ただしこれは酪農家は牛1頭につき1年当たり2万円のふん尿処理費用負担分をまかなうものとした結果であり，個別プラントではこのような収入は見込めない。これに対して太陽光発電1,000 kW以上では10.8年(発電量1,000 kWh/kW・年として)，風力発電1,000 kW以上では9.2年(施設利用率20％として)，未利用木材のバイオマス発電5,000 kWに至っては1.8年で償還できる計算になる。このようにバイオガス発電以外のエネルギープラントは長くても調達期間の半分で償還できてしまうのである。ただ家庭用太陽光発電では余剰電力の買取のため償還年数は調達期間の10年以上になってしまう。償還年数が短いのはIRRが未利用木材発電では8％，太陽光発電では6％と高く設定してあるからである。ただIRRが大きいということはリスクが大きいことも意味している。木材発電は一般的に5,000 kW以上の発電でなければ経済的に成り立たないとされ，このためには年間6万トン以上の木材を集めなければならずこれは非常に難しい事業になり，数字

上償還年数が短いといっても容易な事業ではない。

　このようにバイオガス発電の場合は極端に償還年数が長くなり，この300頭規模のプラントは売電だけではまったく経済的には成り立たないことがわかる。これは家畜ふん尿バイオガスプラントは廃棄物処理を目的としているため，IRRを1％とほかのエネルギープラントに比べて低く設定し，最初から利潤は発生しない価格となっているのである。ただ300頭規模のプラントより1,000頭規模のプラントの方が1頭当たりの建設コスト・維持コストは下がるのは明らかであり，したがって大きなプラントの方が償還期間が短くなるのは十分予想できる。さらに酪農家が消化液貯留槽(スラリーストア)など既設の施設を保有していれば当然建設コストは下がり償還年数は短くなる。

　それでは300頭規模でも家畜ふん尿用バイオガスプラントをどうして経済的に成り立たせるかである。このプラントを成立させるためには電気以外の生産物，すなわち消化液からも利潤を上げるように利用することである。消化液を液体肥料として使えば化学肥料の削減になる。消化液中の固形分を敷料として使えば，オガコや麦稈の敷料の代替となり，敷料は購入しなくても良いことになる。これらによる支出削減は，規模や飼養方式によって異なるが数百万～1,000万円以上となる。これらはまさに酪農家評価額の増大であり収入増であって，売電料とこれらの収入によって償還年数を調達期間の20年以下にすることができる。私はバイオガスプラントをこのように全生産物の利用による総合的評価にすべきと考えている。

7. 太陽光発電とバイオガス発電の競合

　バイオガスプラントで発電した電力を売電することを考えてみる。酪農家がこのプラントを建設して発電することになっても電力会社が全量買い取ってくれるかどうかは不確実である。農家の近くまできている配電線に送電容量があるかどうかを確かめなければならない。特に50 kW以上の発電機を設置した場合は発電した電気を流せないという状況が道内には現れている。したがってその地域で売電できるかどうかまず電力会社と相談する必要がある。北海道は特に太陽光発電が盛んなために太陽光発電事業者がすでに経済

産業省の設備認定を取り，電力会社に契約の申し込みをしているため，変電所容量・配送電線容量がいっぱいになってバイオガスプラントからの電気は買取りができなくなっているところが多い。もともと北海道電力は変電所容量が小さいためにこのような結果になっており，これらの改善が望まれる。

　バイオガスプラント建設に当たって FIT によって買取りを希望する場合，50 kW 以上の高圧系統連携については次のような手続きが必要になる。前述したようにまずは電力会社と事前相談（任意）して配送電線に容量があるかどうか検討してもらうのがよい。それとともに経済産業省に対して設備認定の申請をする。これにはバイオガスプラントの場合約 4 か月もかかる。事前相談の検討結果が可となれば，正式に電力会社に接続検討を申し込む。経済産業省の設備認定がおり，電力会社の検討結果が受領されると連系申込（契約申込）に進むことになり，ようやく受給契約・連系となって電力買取がスタートできることになる。

　北海道では北海道電力に太陽光発電を申し込んでいる事業者は，2 MW 以上の発電ですでに 157 万 kW ある。北海道電力は 40 万 kW しか買取の容量はないとして，40 万 kW 以上は買取を断ることにしている。500 kW〜2 MW の範囲も 30 万 kW の容量しかなくこれもほぼ満杯である。ただ問題なのは，このように大型の太陽光発電を申し込んでいる事業者が発電設備を建設していないことである。高く売電できる権利だけ確保して設備がさらに安くなるのを待っているのである。

　バイオガスプラントの長所はバイオガスを貯蔵しておけることである。貯蔵しておけばいつでも発電できることになる。バイオガス発電でも，スマートグリッドが考えられる。太陽光発電の配送電線を使って送電するのである。太陽光発電は日中にその送電線を使い，発電できない夜間はバイオガス発電がその送電線を使う方式である。このスマートグリッド方式を使えば太陽光発電とバイオガス発電は両立する。問題なのは夜間バイオガス発電をするとなると，バイオガスを溜めるためのガスホルダーと発電機を大きくしなければならないことである。発電設備を大きくすることは農家の負担になることであり，この余分の負担分を誰が支援してくれるかである。もし夜間の発電分が高い買取価格になれば支援はなくても良いかもしれない。ドイツではす

でにこのように電力会社の都合で発電時間を変えた場合は，買取価格にボーナスが加算される制度になっている。わが国でもこのような制度ができればスマートグリッド方式が始まるかもしれない。しかし今はその制度もないし，その上太陽光発電も建設されていないのでスマートグリッド方式は絵に描いた餅である。

　一方 FIT で買い取られた再生可能エネルギーの電力は，当然だが一般家庭や企業に配電されることになる。再生可能エネルギーからの電気は，今までの電気よりも高いのでその増加分は賦課金として電気料金に上乗せになる。現在示されている電気使用量 300 kWh/月，電気料金約 7,000 円/月の標準家庭では月額約 100 円の増加になると見込まれている。この算定根拠は資源エネルギー庁のサイト* を見ていただければわかる。しかし今後急激に再生可能エネルギー発電が普及した場合は電気料金はさらに高くなるので，行き過ぎた場合には大きな問題となる可能性はある。

　このように固定価格買取制度にはいろいろ課題もあるが，バイオガスプラント普及の最も強力な切り札になることは間違いないだろう。

8. これからのバイオガスプラント

　わが国の家畜ふん尿バイオガスプラントは，文字通り家畜ふん尿だけを原料としているが，ドイツではこれに牛の飼料にするサイレージを原料として多く入れている。また生ごみ，食品廃棄物なども投入している。これはもちろんバイオガスをたくさん発生させるためである。北海道でも産業廃棄物である食品残差などを投入しているプラントも数か所ある。家畜の飼料がたりないわが国ではサイレージを投入することは無理であるが，食品廃棄物を投入してバイオガス発生量を多くする工夫はすべきである。ただここでもわが国には「廃棄物の処理及び清掃に関する法律(廃掃法)」によって，家庭系生ごみ，事業系生ごみは一般廃棄物のために，これらは市町村の管理下に置かれており，農家が使用するのは非常に難しい状況である。産業廃棄物の処理

---

* http://www.enecho.meti.go.jp/saiene/kaitori/surcharge.html

は許可を取れば農家でもできるため，そのような原料がある地域では是非使用すべきであろう。

　さらにわが国のバイオガスプラントは発電によってのみ利益を得る方式になっているが，バイオガス発電は発電効率が小型発電機では30％未満，大きなものでも40％程度とそれほど効率が良いとはいえない。排熱を十分利用すれば総合効率は80％近くにも上げることは可能であるが，家畜ふん尿バイオガスプラントの場合熱需要がないため，排熱は発酵槽の加温程度で総合効率は非常に低い。ドイツではバイオガスを精製してバイオメタンとして輸送したりして電気・熱の需要先で使用する方式が増えている。またデンマークでもバイオガスを配管で輸送してCHP（Combined Heat and Power：熱電併給/地域暖房）で利用するシステムが進んでいる。このように電気・熱の需要先にバイオガスを運んで使用する方が利用効率は高くなり，わが国でもだんだんその方向に進むものと思われる。ただわが国には高圧ガス保安法という厳しい法律があり，1 MPa以上の高圧では100 m³/日以上を製造するときは知事の許可，管理者の設置が必要となり一般の農家でこれを取得するのは無理である。しかし最近は1 MPa以下の低圧で大量貯蔵する技術ができてきており，今後わが国でもこの方法でバイオメタンの輸送は進むものと考えられる。この方法になれば効率の高い熱電併給が普及するであろう。家畜ふん尿バイオガスプラントはふん尿処理が一番の目的であるが，これとともに上記のようなバイオガスの高度利用が進めばさらに普及するものと考えられる。

第8章 電力の安定供給と再生可能エネルギー

北　裕幸

1. はじめに

　従来から，電気は「空気」のようなものといわれている。電気は空気のように目に見えないし，滅多に停電することがないため，普段その存在を意識することはほとんどない。しかし，ひとたび電気がなくなると，私たちは基本的な生活ができなくなるほど，場合によっては生命に関わるような，きわめて大きな影響を受けることになる。2011年3月11日に発生した東日本大震災にともなう一連の災害は，まさに電気の重要性を痛感させるものとなった。また，それと同時に，普段，何気なく使っている電気は，いったいどこでどのようにつくられ，どのように送られてきているのかということについても，私たちは強く意識するようになった。そして一人ひとりがこれまでの電気の使い方を省み，今後の電気エネルギーをどのように確保していけば良いかを考え，行動するようになってきている。今日の日本においては，電気は空気のようなものではなくなってきているといってもよい。

　実はこのことは，著者の専門分野の「電力システム工学」にも，非常に大きな変化をもたらすことになった。電力システムとは，良質な電気を安定に経済的に環境に配慮しながら供給することを目的としたシステムである。このシステムは，図1に示されているように大きく3つの要素から構成される。電気をつくり出す「発電所」，つくり出した電気を運ぶ「送配電線」，運ば

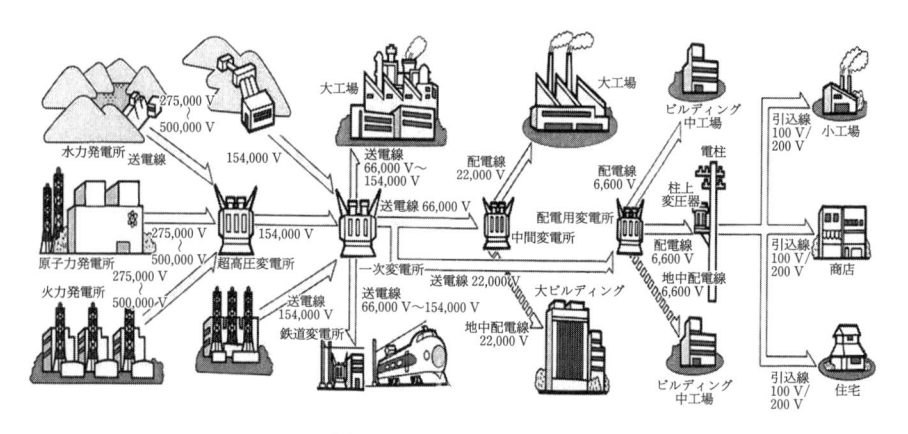

図1 電力システムの構成

てきた電気を使う「需要家」である。電力システムといえば，多くの人は原子力発電所や火力発電所，電柱の上にある電線を思い浮かべるだろうが，上記のように，実は私たち電気の消費者も電力システムの立派な構成要素のひとつなのである。逆にいえば，私たち一人ひとりが電気の消費の仕方を変えれば電力システム全体も変わる。一人ひとりの電気の消費行動が，送電線や発電所といったほかの構成要素に大きな影響を与え，より安定で低コストかつ環境に優しい電力システムができ上がる可能性を持っている。これは単に省エネルギーや節電ということにとどまらず，蓄電池を使って昼間使う電気を夜間にシフトすることや，太陽光発電を自ら設置しそこでつくられた電気を使うといった各需要家・各地域の特性やニーズをきめ細かく賢く反映させることにも繋がる。したがって，これまでどちらかというと供給側(電力会社)に任せていた電力システムを，供給サイドと需要サイドが一体となり，より最適なシステムをつくっていこうとする方向に変わってきていると考えられる。

　本章では，電力システムに対する需要家の望ましい関わり方について考える参考とするため，電力システムの使命である「電力の安定供給」とは何か，これまで，電力の安定供給はどのように実現されてきたのか，再生可能エネルギーの導入は電力の安定供給にどのような影響をもたらすか，そうしたことを考慮した上で，私たち需要家は電力の安定供給にどのように関わるべき

なのかなどについて解説する。

2. 電力の安定供給とは

電力の安定供給とは，文字通り，電力を安定に供給すること，つまり需要家が要求する電力を支障なく確実に届けるということである。ただ，電気エネルギーは，灯油やガスといったほかのエネルギーとは根本的に異なる特性がある。それは，「電気は電気のまま貯めておくことはできない」ということである。この違いを明確にするため，電力をトマトに置き換えて考えてみることとする。図2に示すようにトマトの場合，需要家の「トマトを食べたい」という要求に対して，生産者がトマトを生産し，そのトマトがトラックなどに乗せられて需要家まで確実に供給されていれば，需要と供給のバランスがとれ安定に供給されているということができる。このとき，仮に生産者が需要家の要求よりほんの少し多めに生産したとしたらどうなるであろうか（需要＜供給）。余ったトマトは倉庫などに貯めておけば良いので大きな問題

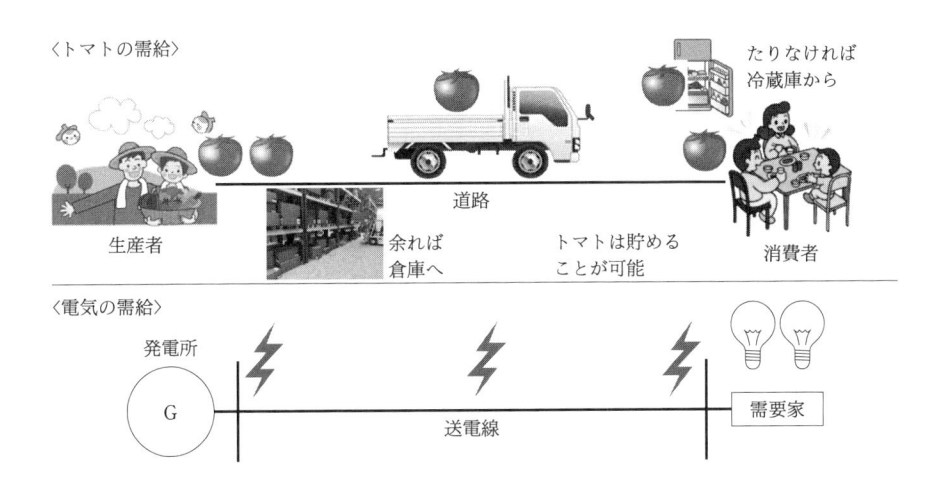

〈トマトの需給〉

生産者　　余れば倉庫へ　　道路　　トマトは貯めることが可能　　たりなければ冷蔵庫から　　消費者

〈電気の需給〉

発電所　G　　送電線　　需要家

・電気は電気のままでは貯められない
・電気は光の速度で運ばれてゆく　　　　→　　今使っている電気は今つくられた電気

図2　トマトの需給と電気の需給の違い

は起こらない。逆に，需要家が供給されたトマトよりもう少し多く食べたいと思ったならば(需要＞供給)，冷蔵庫に保管してあるトマトを出してくれば需要家の要求は満たされるであろう。このように，トマトは貯めておくことができるので，需要家の要求と生産者の生産量は必ずしもぴったりと一致している必要はない。しかしながら，電気は電気のまま貯めておくことはできないのである。このため，需要家が使う分とちょうど同じ量の電気を，発電所ではつくらなければならない。しかも，電気を輸送する送電線は，電気を光の速度で運んでゆくので，電気を使うときにはそれとほとんど同時刻にその電気をつくり出さなければならない。トマトの場合，生産してからそれが需要家に届くまで何時間，何日という時間の遅れがあるのに対して，電気は生産と同時に消費されるという性質がある。以上のような電気特有の物理制約のことを「需要と供給の間の同時同量制約」と呼んでいる(図3)。したがって，電力の安定供給のためには電力需要の正確な予測がきわめて重要である。

　それでは，電力需要の正確な予測はどのように行われているのだろうか。図4のように，一般に個々の需要家の電気の消費に関する行動は不確定で，神様でもない限り供給側からは予測できるものではない。ではどのようにして電力需要を予測しているのであろうか。これには，発電所と需要家を繋ぐ

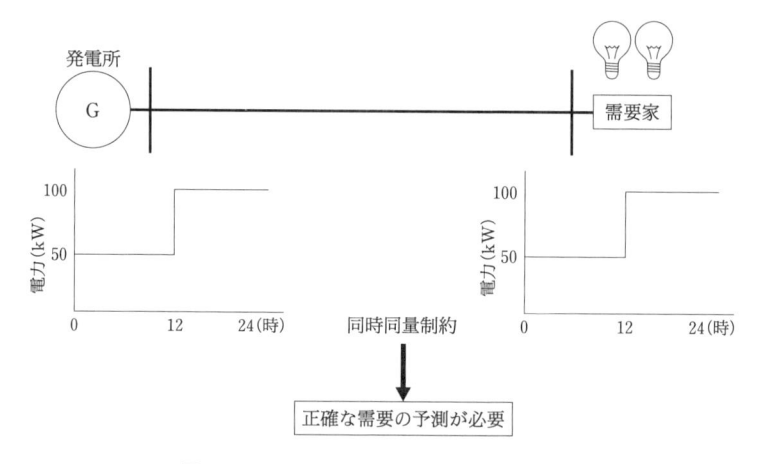

図3　電力の需要と供給の間の同時同量制約

図4 電力需要の予測の難しさ

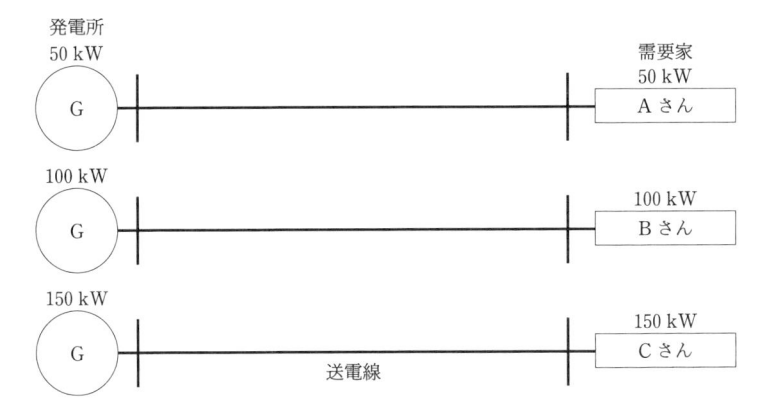

発電所 50 kW — 需要家 50 kW Aさん
100 kW — 100 kW Bさん
150 kW — 150 kW Cさん
送電線

各発電機は対応する負荷に合わせて発電しなければならない
→ 勝手気ままな負荷の行動を予測するのは難しい

送電ネットワークが非常に重要な役割を担っている。送電ネットワークは文字通り電気を送る経路になるものだが，一方で多数の発電所や多数の需要家を集約するという役割も持っている。この集約するということは，前述のトマトの例で考えると，トマトやバナナ，パイナップルをそれぞれ別々のトラックで運ぶのではなく，図5のようにひとつの大きな貨物列車などに集めて需要家まで運ぶということに相当する。ただ，このようにしたとしても，トマトの生産者はトマトの需要家に合わせて，バナナの生産者はバナナの需

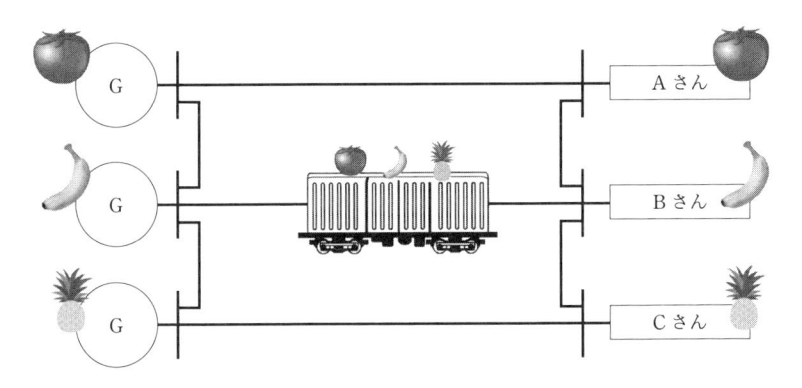

図5 ネットワークによる集約

要家に合わせて生産しなければならない。やはり，一人ひとりの需要を予測しなければならないということになるだろう。しかしながら，すべてトマトだったらどうであろうか。しかも各トマトには品質や価格の面で何ら違いはなく，まったく同じものであればどうであろう。この場合，生産者は一人ひとりの需要家に合わせて生産する必要はない。全体のトマトの需要量が全体の生産者の生産量に等しくなれば良いことになる。実は電気が送電ネットワークで束ねられるということはそういうことに相当する。送電ネットワークのなかでは，「Aさん向けの電気」とか「Bさん向けの電気」というような区別はなく，送電ネットワークのなかではどこでも同じ単一の電気である。発電側でも同じで，「D発電所からの電気」は，いったん送電ネットワークのなかに入ってしまえば，「E発電所やF発電所からの電気」と混ざり合い同質の単一の電気となる。したがって，図6のように同時同量制約は，送電ネットワークに入るすべての電気，すなわち「すべての発電所でつくられる電気の合計」とネットワークから出ていくすべての電気，すなわち「すべての需要家が使う電気の合計」が一致していれば満たされることになる。これは非常に都合の良い特性であり，供給側では送電ネットワークに繋がる需要家全体の消費量を予測できれば良く，必ずしも一つひとつの需要家の消費行動まで予測する必要はない。したがって，送電ネットワークの規模が大きくなればなるほど，（一つひとつの需要は勝手気ままに電気を消費したとしても）全体として見れば，需要はおおよそ予測できるものとなる。これにより，先の同時

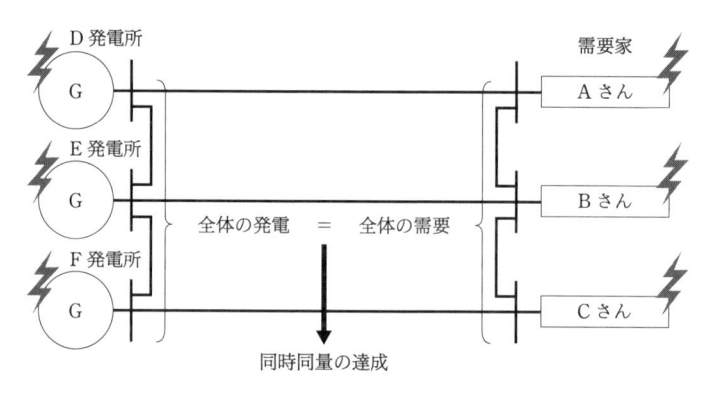

図6　電力ネットワークによる同時同量の達成

同量制約を安定に満たすことができるのである。

　次に，需要がおおよそ予測できたとして，同時同量制約を満たすためには，電気を生産する電源側にはどのような要件が備わっていなければならないのだろうか．これは，大きく次の3つの要件に分けて考えることができる．

2.1　供給力の確保：需要家が必要とする最大量の電力需要に対応できるよう電力をつくり出せること(図7)．

　電気は電気のまま貯めることができないため，需要家が必要とする最大の電力を，ちょうどその最大となる時間につくり出せることが必要である．この能力のことを供給力と呼んでいる．供給力が最大の電力需要より少ないと(例えそれがほんの僅かであったとしても)，大規模な停電に至る可能性がある．供給力を確保することの難しさは，発電所というのは一朝一夕にでき上がるものではないということである．建設の計画が始まってから実際に発電できるようになるまでには，数〜十数年の年月が必要となる．したがって，来年の最大電力需要を満たすことができそうにないからといって，これから電源の建設を開始したとしても到底間に合うものではない．10年後，20年後の将来の最大電力需要がどのくらい増加するかを見通して，発電設備を計画的に建設していかなければならない．また，電源があればそれで十分かというとそうではない．電源がその能力を発揮し，需要家に電力を供給するためには，発電所でつくられた電力を需要家まで運んでいくための輸送設備つまり送配電線が整備されていることが前提である．輸送設備が脆弱のまま，電源

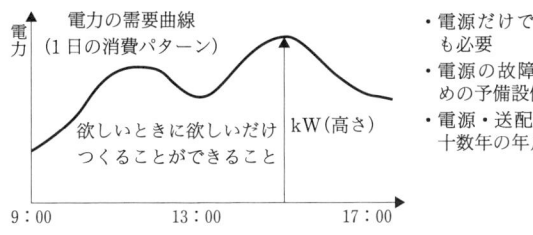

図7　供給力の確保．需要家が必要とする最大量の電力需要に対応できるよう電力をつくり出せること(供給力の確保，kW面)

だけを単独で建設しても宝の持ち腐れになってしまう．電源と送配電線が一体的にかつ計画的に整備されてこそ，供給力を確保することができるのである．

2.2 資源の確保：国内資源が少なくエネルギー自給率が低い日本において，諸外国のエネルギーをめぐる状況の変化に対し，できるだけ影響を受けない形で電力のエネルギー源を継続的に確保すること(図8)．

供給力が確保されたとしても，電気をつくり出すための資源がなくなった場合には，欲しいときに欲しいだけ電力を供給することができない．資源とは，火力発電所の場合には石油や石炭，LNG(液化天然ガス)などで，原子力発電所の場合にはウラン，水力発電所の場合には水ということになる．特に資源の少ないわが国では，火力発電所の燃料を低コストでどのように調達するかが非常に重要となっている．

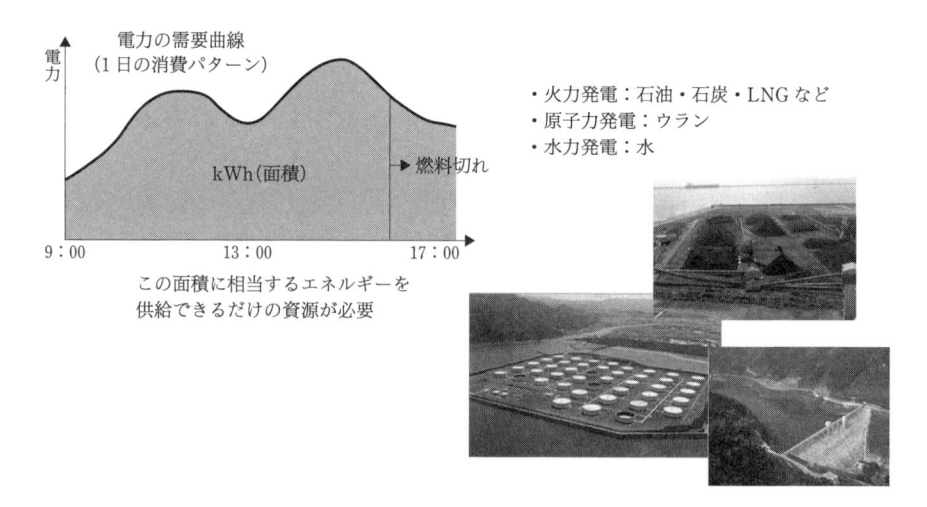

図8 資源の確保．国内資源の少ない日本において，諸外国のエネルギーをめぐる状況の変化に対し，できるだけ影響を受けない形で電力のエネルギー源を継続的に確保すること(エネルギーセキュリティ面，kWh面)．

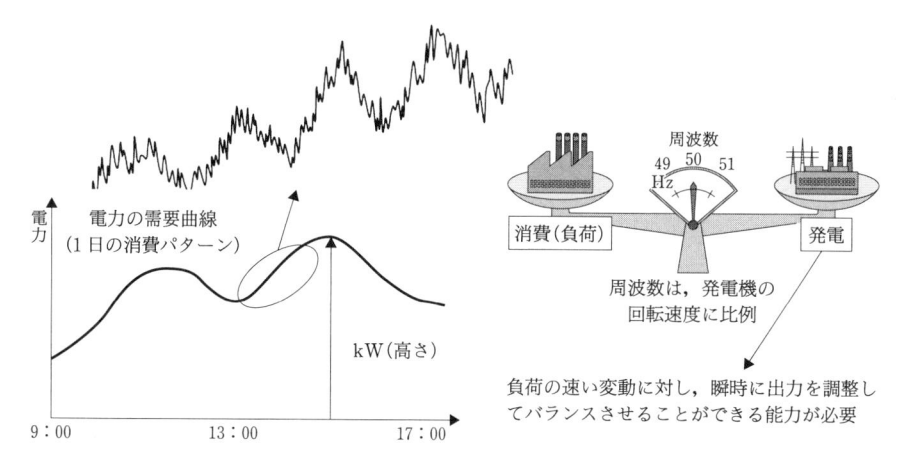

図9 調整力の確保。常に変動する需要に対して，供給を瞬時瞬時に調整することで周波数の変動を一定の範囲内にとどめること(調整力の確保)。

2.3 調整力の確保：常に変動する需要に対して，供給を瞬時瞬時に調整することで周波数の変動を一定の範囲内にとどめること(図9)。

需要と供給の間の同時同量制約を満たすためには，さらに，需要の変動に瞬時瞬時に合わせるように発電量をコントロールしていくことが必要である。この能力のことを調整力と呼んでいる。

前述のごとく，これまで日本で電力の安定供給が実現されてきたのは，各電力会社がある一定の規模の需要を担当し，それを送電ネットワークで集約することで全体を予測しやすくしていることが理由である。需要がどうなるかが分からないのであれば，意思決定に大きなリスクをともなうことから，計画を立てるのが難しくなるが，需要がある程度予測できれば，計画を立てやすくなる。これによって，上記の3つの要件を満たすことができるように供給力，資源，調整力を適切に確保しているのである。

3. 各種電源の安定供給能力

表1に示すように上記の安定供給における3要件とも満足するような電源は，残念ながら存在しない。それぞれの電源ごとにメリット・デメリットを持っている。したがって，各電源のメリットが最大限に発揮できるように適当に役割分担をして発電をしているのである。どのような役割分担をしているのかを見てみることで，各電源の優れた点，問題点を明らかにすることができる(図10)。

表1　供給力・資源・調整力の面から見た各電源の特徴

	(1)供給力	(2)資　源	(3)調整力
石油火力	[◎]需要に応じた電力をつくることが可能	[×]政情が不安定な中東からの輸入に依存	[◎]需要変動への追従が可能
石炭火力	[◎]需要に応じた電力をつくることが可能	[○]政情が比較的安定している国から輸入	[○]需要変動への追従が可能(追従速度はやや遅い)
LNG火力	[◎]需要に応じた電力をつくることが可能	[○]政情が比較的安定している国から輸入	[◎]需要変動への追従が可能
原子力	[◎]需要に応じた電力をつくることが可能	[○]政情が比較的安定している国から輸入 [○]使用済み燃料の再処理により再利用可能なことから，純国産エネルギーとして活用可能 [◎]発電コストに占める燃料費の割合が小さい	[－]需要変動への追従は海外では行われている事例があるが，日本では行っていない。
水力	[◎](貯水池式)需要に応じた電力をつくることが可能 [△](自流式)需要に対応できないがある程度の出力予想は可能	[◎]純粋な国産エネルギー	[◎]需要変動への追従が可能
太陽光風力	[×]エネルギー密度(設備利用率)が低く，供給力として期待できない	[◎]純粋な国産エネルギー	[×]出力変動が大きく，発電電力量は気象条件に左右されるため単独での需要変動への追従は不可能(蓄電池などが必要)。

◎大変すぐれている，○すぐれている，△やや劣っている，×劣っている

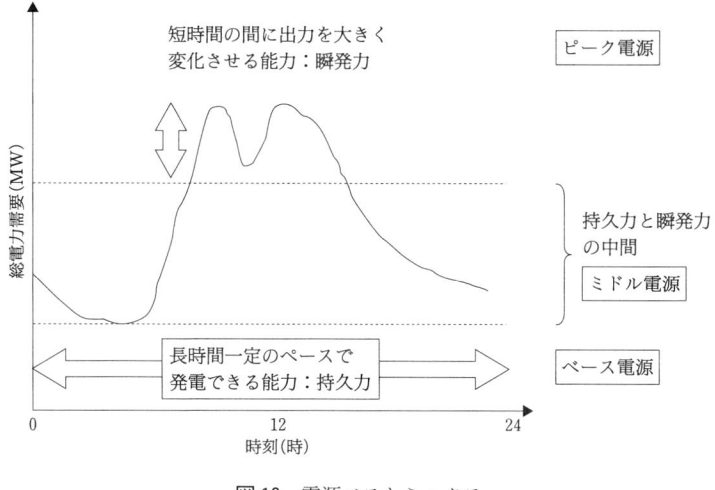

図10 電源ベストミックス

3.1 従来型電源の能力

　まず，原子力発電は，一定の出力で長時間運転するベースロード運転を基本としている(ベース電源)。これは大電力を長時間にわたってつくり出すことができるという優れた点がある一方で，瞬時瞬時の需要変動に応じて出力を調整することが難しいという問題点があるためである。次に，石油・石炭・LNG などの化石燃料を用いた火力発電は，燃料の多くを海外から輸入している。このため，年間に調達・備蓄できる範囲内でしか発電することができない。このため，原子力のように長時間運転させることは難しく，必要なときに必要な量だけ運転する方式が取られている。ただし，需要変動への瞬時瞬時の応答は可能であるが非常に速い応答は難しく，ある程度ゆっくりした変動に対応する電源として利用されている(ミドル電源)。また水力発電は，貯水池に水を貯めその水を上から下へ落とすことで発電する方式である。豊富な水資源がある場合には別であるが，北海道，東北といった地域の電力需要をすべてまかなえるだけの水資源はない。したがって，上流から流れてくる水を貯水池に貯めて，やはり必要なときに必要な量だけ発電する方式をとっている。また，需要変動への瞬時瞬時の応答は可能であり，非常に速い需要変動にも対応することができるため，変動の大きいピーク需要を分担す

るような運用方式となっている(ピーク電源)。

3.2 再生可能エネルギー発電の能力

では再生可能エネルギー発電はどうであろうか。北海道における再生可能エネルギー発電は，資源量としては十分に期待できる電源といって良いと考えられる。環境省の2010年度再生可能エネルギー導入ポテンシャル調査報告書によれば，太陽光，風力をはじめとして，中小水力，地熱など，北海道に存在する再生可能エネルギーは，ほかの都府県のそれを大きく上回っている(図11)。北海道はわが国における食料供給基地であるだけではなく，再生可能エネルギーの供給基地にもなりえると考えられる。しかしながら，風力発電や太陽光発電は，図12のように風速や日射量などに依存して発電する。風が強いときはたくさん発電するが，風が止まると途端に発電量が少なくなる。すなわち，いつどのくらい発電してくれるかは，風のみぞ知るのであって，人間がそれを自由にコントロールすることはできない。それに対して，火力発電や水力発電は，発電に使用する蒸気や水の量を人間が調整することで自由にその発電電力をコントロールすることができる。この特性の違いにより，風力発電や太陽光発電を通常の電源と同じように扱うことができないのである。例えば，今年の夏の需要の最大値が，仮に8月3日の15時に発

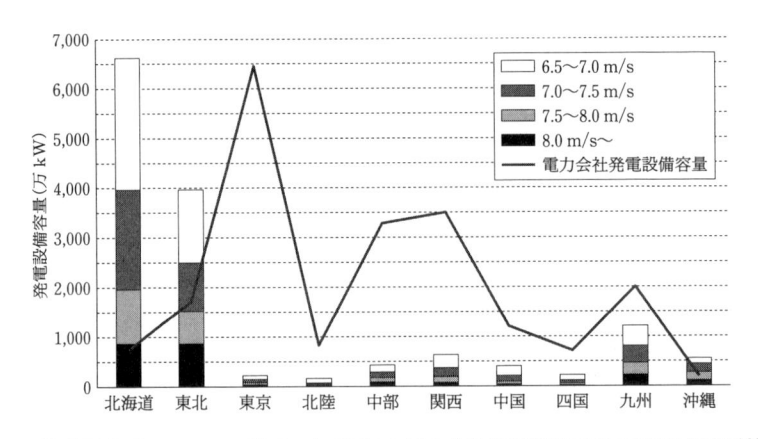

図11 陸上風力ポテンシャル(6.5 m/s以上)と電力会社発電設備容量(日本風力発電協会(JWPA)，2011より)

(A) のグラフ: 晴れ、くもり

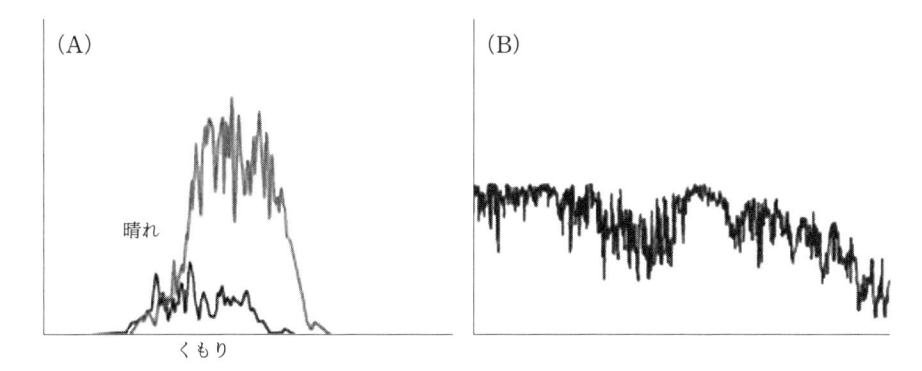

(B) のグラフ

図12　再生可能エネルギーの出力変動。(A)太陽光発電の出力例(1日)，(B)風力発電の出力例(1日)

生するとしよう。そして，その電力需要が600万kWになるとする。このとき，設備容量200万kWの風力発電(最大で200万kWを発電できる風力発電という意味)があったとしよう。風力発電が200万kW発電してくれるので，通常の火力発電や水力発電のうち200万kWは不要だからといって，それらを廃棄し400万kWにまで減らしてしまっても大丈夫であろうか。8月3日の15時に都合よく強い風が吹いていれば，風力発電は確かに200万kWの電力を発電してくれるであろう。しかしながら，本当にその時間に強い風が吹くとは限らない。場合によっては，無風で0kWになるかもしれない。もし無風状態になったとき，通常の火力・水力発電が400万kWの設備しかないのであれば，明らかに電力は不足してしまう。この「いつどうなるかわからない」という将来を見通せない特性がある限り，最悪の場合を想定して自由にコントロールできる水力・火力といった電源を用意しておかなければならない。このように，設備容量200万kWの風力発電が入っていたとしても，それを供給力とは見なすことはできず，やはり200万kWの火力や水力発電を簡単には廃棄することはできないのである。つまり，火力発電や水力発電を，風力発電で代替することはできない。

　実際に過去の風速データおよび電力需要データに基づく検証結果からも，最大需要が発生した時間に，風力出力からの電力(実際には測定している風速)がほぼ0になったケースもあり，上記のことはデータからも証明されている。

ただし，太陽光発電の場合には，ある程度の供給力と見なすことができる。これは，夏の電力需要の高いときは良く晴れた暑い日であり，その時間は必ずといってよいほど日射量も大きく，多くの発電電力を期待できるためである。

また，再生可能エネルギー発電の特性として，その「発電電力が瞬時瞬時に大きく変動する」という特性がある。このため，これらの再生可能エネルギーが送電ネットワークに繋がれると，需要と供給のバランスを常に維持するために，太陽光発電が電気をつくり出せば，既存の水力・火力などの電源はその分の電気をつくるのを即座に止めなければならない。一方，風が止まると逆に既存電源が即座に電気をつくらないとバランスが取れなくなる。このように，これまでは需要家の消費行動に合わせて発電量を調整していれば良かったものが，再生可能エネルギーのつくり出す電気エネルギーに対してもバランスを取るような調整をしなければならなくなる。したがって，現状では，再生可能エネルギーの間欠的な発電特性に即座に対応できるように，応答性の良い電源を別にスタンバイしておかなければならない。つまり，送電ネットワークに繋がる再生可能エネルギー発電は，既存の電源の調整力の範囲内でしか受け入れることはできず，これが送電ネットワークへの接続を制限せざるを得ない理論的な根拠のひとつとなっている。仮に限界を超えて再生可能エネルギーを接続すると，場合によっては同時同量制約が満たされなくなり，結果として，再生可能エネルギーだけでなく送電ネットワークに繋がるすべての電源や需要家が，停電などの甚大な影響を被ることになる。

4. 再生可能エネルギー発電の能力向上のための方策

では，再生可能エネルギーの電源としての価値を向上させる方法はないのであろうか。以下，考えられるいくつかの方法を述べる。まず第一に，電気は電気のまま貯めることはできないが，別の種類のエネルギーに変えて貯めることは可能である。実用化されているものとしては，発電に使用した河川の水を再び上部の貯水池に汲み上げ，水の位置エネルギーの形で貯める揚水発電や，2種類の電極と電解液中の化学反応によって電気エネルギーを蓄え

る蓄電池などがある。これらは総称して電力貯蔵装置と呼んでいる。これによって，既存の発電機の調整能力を超えた需給のアンバランス分を，電力貯蔵装置に貯めたり，電力貯蔵装置から放出したりすることでバランスを保つことができる(図13)。ただし，現状では電力貯蔵装置の導入コストが非常に高価であるという課題は残っている。第二に単一の地域内だけで同時同量制約を満たすのではなく，再生可能エネルギーの導入が少ないほかの地域と協力して制約を満たすという方法が考えられる。すなわち，再生可能エネルギーの導入量に地域差がある場合には，既存電源の調整能力に余力のある地域と協力することで同時同量制約を満たすことが技術的には可能性である。この場合，地域と地域とを結ぶ連系線を増強することが必要となり，そのためのコストが膨大となる点には注意しなければならない(図14)。ただし，特に住宅用太陽光発電など，導入量や基本的な発電パターンに地域的な差があまりない場合には，その効果は限定的なものとなる。第三に再生可能エネルギーも面的に広がって多数導入されると，全体としては需要と同様にある統計的な特性を持ち，ある程度予測できる可能性がある(図15)。再生可能エネルギーの出力予測が可能になれば，調整用電源の負担が軽減され，再生可能

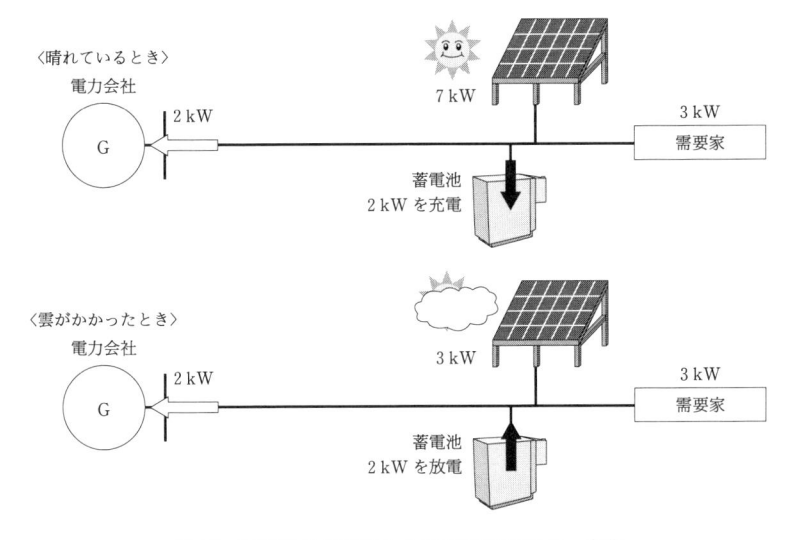

図13　蓄電池の活用による系統売電電力の一定化

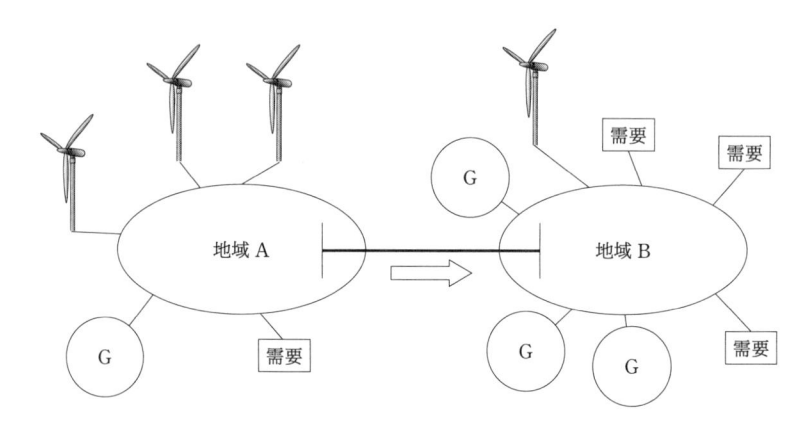

186 第Ⅱ部 再生可能エネルギーの現状と北海道における可能性

図14 連系線の活用による広域での同時同量。G：発電所

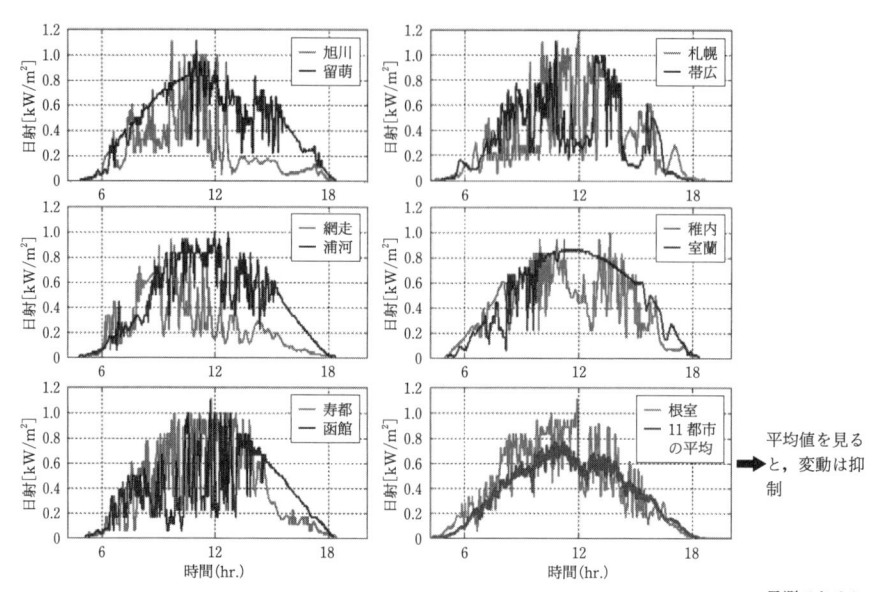

それぞれの地域で変動が大きくても，合成すると相対的には変動が小さくなる：ならし効果 ➡ 予測できるかもしれない

平均値を見ると，変動は抑制

図15 ならし効果による再生可能エネルギーの予測技術（気象庁日射量データによる）

エネルギーの導入量を拡大できる可能性がある。すでにスペインでは国内に多数導入されている風力発電全体の出力を，1か所のコントロールセンターで予測するということが行われている。これについては，現在，経済産業省が中心となり全国各地に日射計を置いて太陽光発電の出力特性を詳細に分析しているところである。

5.「日本型スマートグリッド」の可能性

最近，電力会社の供給エリアよりも小さな単位(例えば，市町村レベル)で，再生可能エネルギーを主体としたエネルギー供給を行おうとする動きが見られるようになってきている。すなわち，地域内のエネルギーは地域内でつくり出し供給するという，いわゆる「エネルギーの地産地消」の考え方である。需要と供給が近接し輸送にともなう損失が低減するため，「エネルギー」としては，電気だけでなく熱も同時に考慮したより高効率なエネルギー供給システムを構築できる可能性がある。ただし，前述のごとく，需要家の規模が小さくなるため，電気の同時同量制約を満たすことが従来よりも難しくなる。そこで，高度な情報処理システムと通信ネットワークを駆使して，1軒1軒の需要家のエネルギー消費や一つひとつの再生可能エネルギー発電を監視・予測することで，需要と供給をリアルタイムに一致させようという考え方が注目されている。この概念を日本型スマートグリッドと呼んでいる。この場合，供給側と需要側が双方向の情報通信ネットワークで結ばれるため，需要家のニーズをきめ細かく考慮したエネルギー供給や，逆に供給側から需要側にエネルギー使用の抑制や消費パターンの変更などの協力をオンラインで求めることも可能となる。とはいっても，需要と供給のバランスをすべて地域のなかで行うのはやはり至難の業であることから，できない部分は電力系統側の調整力でカバーしてもらうことが必要となる。このようにすると，「需要家，蓄電池，再生可能エネルギー」からなる分散型システムと，「大規模電源，送電ネットワーク」からなる集中型システムが共存する形になり，相互に情報のやり取りをしながら，全体として最適になるようにエネルギーマネジメントをすることができる可能性がある(図16)。今，全国4か所でス

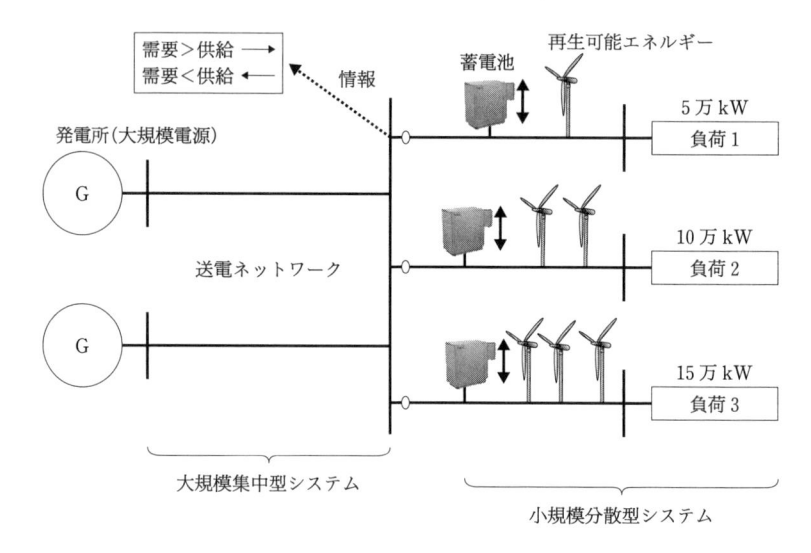

図16　集中・分散ハイブリッド電力供給システム

マートグリッドに関する実証研究を行っている。きめ細かい制御については，わが国の得意分野であることから，この技術を世界標準にして，将来的に海外展開をはかっていくのが望ましいと考えられ，各方面で検討が行われている。

6. おわりに

　将来の電力システムの形態は，3つの面において大きな変革が起こってくると予想している。まずひとつ目は「集中から分散」への変化，ふたつ目は「全体から個別」への変化，3つ目は「一様から多様へ」の変化ということである。「集中から分散」への変化は，火力・原子力といった大規模集中型のエネルギーだけではなく，太陽光・風力・バイオマス発電などの地域特性に存在する小型の分散型エネルギー源をも活用した電力システムが将来重要になってくることである。「全体から個別」への変化とは，電力システムの個々の要素に対するウエイトの置き方が変化するということである。これまでは，上流(発電)から下流(消費者)まで全体として等しいウエイトの下でシス

テム構築がなされてきたが，例えば，需要家のニーズをきめ細かく組み入れ，需要家サイドが能動的にエネルギーの使い方を考えていくといった需要家の主体性が反映された電力システムの形態が考えられる．この場合，より需要家に近い配電システム側により多くの投資を行い，ICTを活用した配電システムのスマート化などの方向へ重点を移していくことが必要と考えられる．「一様から多様」への変化としては，現在はすべての需要家に品質，環境性などの面で一様な横並びの電力が供給されているが，電力・エネルギーに対する，個々の需要家，個々の地域ごとの，多様なニーズを上手に組み入れられるような電力システムのあり方も考えていかなくてはならないであろうということがある．そして，そのような新しい変革がなされた新しい電力システムの下で，電力の安定供給，環境への配慮，そして競争原理の導入が，それぞれの立場で行われていくべきだと考えられる．

　北海道は，太陽光，風力，小水力のほか，一次産業や食品産業などから排出される廃棄物など，豊富なエネルギー資源を有している．北海道はわが国における食料供給基地としての役割だけではなくエネルギーの供給基地にもなりうると期待できる．また，道内の各市町村においても，家畜ふん尿や食品残差などを利用しバイオガス発電や熱として暖房などに活用する取り組みや，酪農家が太陽光発電を導入し，集落全体でエネルギーの地産地消に取り組むなど，地域における再生可能エネルギーの導入に向けた数多くの取り組みが生まれてきている．したがって，エネルギーの地産地消を核とした地域産業の活性化をはかりつつ，そのエネルギーをほかの都府県へ移出することで，わが国のエネルギー安定供給に大きく寄与すると同時に，北海道経済全体の発展に繋がるものと期待できる．

第9章 再生可能エネルギーの固定価格買取制度

安田將人

1. はじめに

再生可能エネルギーの固定価格買取制度は，再生可能エネルギー源を用いる発電設備に対する投資回収の不確実性を低減させ，投資を誘発することで，再生可能エネルギーの導入拡大を促すとともに，コストの低減を促すことを目的としている。一次エネルギーの国内供給の約96％を輸入に頼るわが国にとっては，再生可能エネルギーは貴重な国産エネルギーであり，その普及拡大によって，エネルギーの輸入依存度の低減を進めることが可能である。また，再生可能エネルギーを用いた発電は環境への負荷が小さく，地球温暖化対策を促進する観点からも重要なエネルギー源である。

これまでに固定価格買取制度を導入してきた多くの国では，同制度が再生可能エネルギーの導入拡大に大きな効果を発揮している。わが国においても，同制度による再生可能エネルギーの大幅な導入拡大を実現しようという機運が強まり，固定価格買取制度についての法的基盤を整備するため，2011年の通常国会に「再生可能エネルギー特別措置法」案が提出された。折しも，東日本大震災と福島第一原子力発電所の事故により国民の間に再生可能エネルギーに対する期待が高まったこともあり，高い国民的関心を集めるなか，同年8月に国会における修正を経て法案は成立し，2012年7月1日に施行された。

2. わが国における再生可能エネルギーの現状と特徴

2.1 再生可能エネルギーの現状

　豊かな自然資源を有するわが国は，再生可能エネルギーの宝庫である。しかしながら，再生可能エネルギー源を発電源として利用する取り組みは，そのコストの高さや自然由来特有の不安定さなどから十分に進んでいない。わが国の発電電力量に占める再生可能エネルギーの割合は約10％程度であり，そのほとんどを大型水力発電所が占めている。水力を除く，太陽光や風力による電気の発電電力量に占める割合は2012年度末時点で約1.6％となっている。ドイツやスペインなど，すでに固定価格買取制度を取り入れている国では，発電電力量に占める再生可能エネルギーの割合が20％前後まで拡大しており，わが国においても固定価格買取制度の導入による再生可能エネルギーの導入拡大が期待される。

2.2 再生可能エネルギーの特徴

　固定価格買取制度において対象としている，太陽光，風力，水力，地熱，バイオマスのそれぞれの特徴は以下のとおりである。

(1) 太　陽　光

- 設備利用率：約12％[*1]
- 天候による出力差が大きく，バックアップ電源[*2]が必要となる。分散導入が進めば平滑化効果が見込めるが，出力変動対応は必須。
- 電力需要の少ない夜は発電しないため，日中のピーク対応電源としての活用も期待できる。

[*1] 例えば1,000 kWのメガソーラーが年間に発電する標準的な電気の量は，平均的な設備利用率から以下のように計算できる。
　1,000(kW)×24(時間)×365(日)×0.12(設備利用率)＝1,051,200 kWh

[*2] 電力会社は，太陽光の天候による分単位の短期の出力変動に合わせ，火力発電所や可変速の水力発電所の出力を分単位で調整することで，安定した電気の供給を行っている。こうした調整能力を持つ電源をバックアップ電源という。

・再生可能エネルギーの中でもコストが高い。

(2) 風　　力
・設備利用率：約20％
・天候による出力差が大きく，バックアップ電源が必要となる。短期の出力変動は太陽光に比べると少ないが，逆に電力需要の小さい夜間にも発電するため，余剰電力問題が出やすい。
・数万から数十万kW単位の開発が多く，スケールメリットが得られやすいため，多くの再生可能エネルギー先進国でも，量的拡大の中心電源となっている。

(3) 水　　力
・設備利用率：約60％
・出力変動が少なく，設備利用率も高い安定した電源。
・大規模な立地ポテンシャルは少なくなっており，今後は中小規模のものが中心となる。kW当たりの建設コストは85万円(1,000kW超の場合)と，太陽光を上回るが，設備利用率が高いため，集中的な開発と効率的な運用に努めれば，経済合理性については十分に見通しが立つ。

(4) 地　　熱
・設備利用率：約80％
・出力変動が少なく，設備利用率も高い安定した電源。
・地点開発が難しく開発に長期間を要するなど開発リスクが高い。
・世界3位の地熱ポテンシャルを有するわが国では，自然公園内での開発規制など，立地に関する制度改革の進展しだいでは大きな発電源となる。

(5) バイオマス
・設備利用率：約80％
・出力変動が少なく，設備利用率も高い安定した電源。
・熱利用効率が化石燃料と比べて低いため，効率的に量を集める燃料供給

インフラの構築が課題。紙パルプ用，合板用など既存用途との競合もあり，燃料調達が不安定となりやすい。
・ごみ処理，ふん尿処理，未利用木材処理など，ほかの用途と併用されることも多い。

このように，それぞれの再生可能エネルギー源ごとにコスト，出力の安定性，参入障壁となる諸規制の面で課題があるなか，それぞれの特徴を活かし，また，地域特性に応じた再生可能エネルギーの導入拡大が求められる。

3. これまでの再生可能エネルギーの導入推進策

わが国における再生可能エネルギーの導入拡大施策は，大きく分けて①補助金による支援，②RPS制度(Renewables Portforio Standard, 再生可能エネルギーの利用割合基準)による支援，③固定価格買取制度による支援の3段階に分けることができる。

3.1 補助金による支援(1997年〜)

1997年に，「新エネルギー利用等の促進に関する特別措置法」(平成9年法律第37号)が成立した。同法は，国内外の経済的社会的環境に応じたエネルギーの安定的かつ適切な供給の確保に資するため，新エネルギーの利用の推進を促すとともに，必要な措置を講ずることを目的とし，非化石エネルギーのうち経済性の面における制約から普及が十分でないものを政令で定め(太陽光，風力，水力(1,000 kW未満のもの)，地熱，バイオマス発電や太陽熱，バイオマス熱，雪氷熱など)，さまざまな支援が行われてきた。

具体的な支援としては，地方公共団体や民間事業者が太陽光や風力発電など再生可能エネルギー発電設備を設置する際の導入補助(地方自治体：2分の1，民間事業者3分の1)，金融機関からの借入れに対する債務保証が行われ，風力発電や水力発電を中心に多くの設備形成がなされてきた。

3.2 RPS制度(2003年〜)

2002年，「電気事業者による新エネルギー等の利用に関する特別措置法」

(平成14年法律第62号。以下「RPS法」という)が成立した。同法は，石油依存度の低下傾向が停滞するなか，エネルギーの中東依存度の高まりなどエネルギーをめぐる情勢の変化を受け，新エネルギーのさらなる利用促進，エネルギー源の多様化をはかることを目的としている。

　RPS法は，電気事業者に対し，毎年度一定量の新エネルギー等電気の利用を義務づけることにより，再生可能エネルギーの導入拡大をはかるものである。経済産業大臣は総合資源エネルギー調査会の意見を聴いて，4年ごとに，向こう8年間の電気事業者による新エネルギー電気の利用の目標(利用目標量)を定め，これを告示することとされている。また，電気事業者は経済産業省令で定める方法により算定される基準利用量以上の新エネルギー等電気の利用を行わなければならないとし，電気事業者による新エネルギー等電気の利用量が基準利用量に達していない場合には，勧告や命令を行うことができる。

　電気事業者は，①自ら新エネルギー等電気を発電する，②他社が発電した新エネルギー等電気を購入する，③他社が発電した新エネルギー等電気の環境価値(新エネルギー等電気相当量)を購入することにより，基準利用量以上の新エネルギー等電気の利用を行うこととされている。RPS法の対象としている再生可能エネルギー源は，太陽光，風力，水力(1,000 kW未満のものに限る)，地熱，バイオマスであり，経済産業大臣はこうした新エネルギー等発電設備が，経済産業大臣の定める基準に適合することについて認定を行うこととされた。また，ある年度に基準利用量以上の新エネルギー等電気の利用を行った場合には，超過分については翌年度に限り繰り越すことができること(バンキング)，ある年度の新エネルギー等電気の利用が基準利用量に満たなかった場合に，翌年度に当該未達分を繰り越せること(ボローイング)などのルールが整備された。

　RPS法に基づく新エネルギー等電気の利用は年々着実に伸び，法施行当初の2003年度の新エネルギー等電気の利用は約40億kWh，後述する再生可能エネルギーの固定価格買取制度が始まる直前の2011年度の新エネルギー等電気の利用は120億kWhと，約3倍となった(図1)。2011年度の同法の施行状況を見ると，義務対象者である電気事業者60社(一般電気事業社10

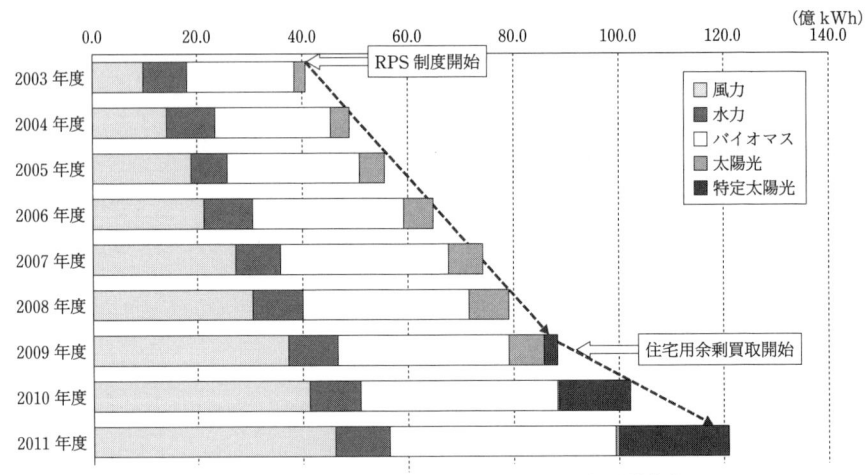

196　第II部　再生可能エネルギーの現状と北海道における可能性

図1　RPS法による新エネルギー等電気供給量の推移(出典:資源エネルギー庁)

特定太陽光:2009年11月に開始した太陽光発電の余剰電力買取制度の対象施設

社,特定電気事業者5社,特定規模電気事業者45社)に対し,110億2,650万7,000kWhの新エネルギー等電気の利用が義務づけられ,電気事業を廃止した2社を除く58社が義務を履行した。年度を通して120億kWhの新エネルギー等電気が利用され,内訳としては,風力発電が約46億kWh(認定設備数・出力:403設備・260万kW),バイオマスが約43億kWh(認定設備数・出力:377設備・230万kW),太陽光発電が約21億kWh(認定設備数・出力:96万設備・380万kW),水力発電が10億kWh(認定設備数・出力:522設備・22万kW)だった。

RPS法の義務履行は,電気事業者自ら発電するだけでなく,例えば地方自治体や民間事業者が設置した新エネルギー等認定発電設備が発電した電気を電気事業者が購入することにより達成することもできる。この場合,発電事業者(地方自治体や民間事業者)と電気事業者が電力需給契約の締結に当たって事前に売電単価を交渉し,契約した単価にて売電が行われる。RPS制度においては,売電単価の設定は発電事業者と電気事業者の交渉にゆだねられていた。

3.3　太陽光発電の余剰電力買取制度(2009年～)

2009年,「エネルギー供給事業者による非化石エネルギー源の利用及び化石エネルギー原料の有効な利用の促進に関する法律」(平成21年法律第72号。以下「エネルギー供給構造高度化法」という)が成立した。石油依存度への低下は進んだものの,エネルギー利用に占める石炭,天然ガスなどの化石燃料全体への依存度は依然として高い状況にあるという背景を踏まえ,非化石エネルギー源の利用と,化石エネルギー原料の有効利用の促進を目的としたものである。

エネルギー供給構造高度化法に基づき2009年11月から開始されたのが「太陽光発電の余剰電力買取制度」である。これは,出力500 kW未満の太陽光発電設備(発電事業目的の設備を除く)について,発電した電気をまず自家消費し,余剰電力が発生した場合に,当該余剰電力を,国が定める固定価格で一定期間売電できることとするものであり,制度の対象は限定的だったものの,固定価格買取制度がわが国においても導入されたといえる。

買取価格や買取期間は,総合資源エネルギー調査会の下に設置された買取制度小委員会にて議論され,制度開始当初の買取価格は10 kW未満の住宅の場合,48円/kWh(2011年3月申し込み分まで),買取期間は10年間とされた。モデルケース試算によれば,当該価格により10年間売電することによって10～15年で投資回収が可能となる水準である。

2011年度以降の買取価格については,導入実績や市場価格の推移などを注視しつつ,同小委員会において見直しを行っていくこととされ,検討時点では,太陽光発電システムのシステムコストを今後3～5年以内に半額程度にするという観点を踏まえ,42円/kWhを目途とすることとされた。2010年度末には,改めて同小委員会が開催され,2011年度以降の申し込みについては買取価格を42円/kWhとすることが適当とされ,2011年度における買取価格を42円/kWhに引き下げた。

一方で,電気事業者は通常の家庭向け小売電気料金(24円/kWh前後)の約2倍の価格での買取りが義務づけられ,当該負担は電気事業者自らの効率化による経営努力によっても圧縮できないコストとなることから,買取費用の転嫁については,電気料金の原価に盛り込むのではなく,買取実績に基づき電

気の消費者が電気使用量に応じて広く薄く負担する仕組みとされた(太陽光サーチャージ)。また，太陽光サーチャージは，各電気事業者の買取実績に応じて単価を設定することとし，1年単位で，暦年の買取費用を翌年度回収する仕組みとすることとした。

　太陽光発電の余剰電力買取制度の開始により，国や地方自治体による設置費用の補助とも相まって，おもに住宅部門への太陽光発電の設置が急増し，制度導入前の 2008 年で累計約 214 万 kW(約 50 万世帯)だった太陽光発電の導入量は，制度開始後 3 年間で 491 万 kW(100 万世帯超)へと倍増した。

4. 再生可能エネルギーの固定価格買取制度(2012 年～)

4.1　再生可能エネルギー特別措置法成立までの経緯

　2009 年に政権を獲得した民主党は，再生可能エネルギーのこれまで以上の導入拡大をはかるため，住宅などの太陽光発電に限られない，より広範な再生可能エネルギーを対象に固定価格買取制度を導入することをマニフェストに掲げていた。民主党政権発足直後の 2009 年 11 月には，経済産業省に「再生可能エネルギーの全量買取に関するプロジェクトチーム」が立ち上げられ，固定価格買取制度の制度設計に関する議論がスタートした。同プロジェクトチームでの検討を経て，2010 年 8 月に経済産業省は「再生可能エネルギーの全量買取制度の大枠(基本的な考え方)」を取りまとめた。その後，議論の場を総合資源エネルギー調査会買取制度小委員会に移し，さらに詳細な制度設計が議論された(2010 年 9 月～2011 年 2 月)。

　こうした検討を踏まえ，2011 年 3 月 11 日に，固定価格買取制度を実現するための「電気事業者による再生可能エネルギー電気の調達に関する特別措置法案」(以下「法案」という)が閣議決定された。その後，法案の閣議決定がなされた 3 月 11 日に起きた東京電力福島第一原子力発電所の事故を受け，原発依存からの脱却とともに再生可能エネルギーの導入拡大を求める世論が高まるなかで，法案は再生可能エネルギーの導入拡大を進めるための象徴的存在として大きな注目を集めることとなった。特に，当時の菅直人内閣総理大臣は，自身の総理退陣の条件のひとつとして法案の成立を掲げるなど，法案

の成立に大きな意欲を示した。

　法案は，2011年7月14日に国会で審議入りし，審議途中の8月11日に民主党・自由民主党・公明党の3党が以下をおもな内容とする法案の修正で合意した。

①調達価格及び調達期間関係
- 政府案では，太陽光を除き一律の調達価格及び調達期間を想定していたところ，調達価格・調達期間については再生可能エネルギーの種別，発電設備の設置形態，規模などに応じて定める。
- 調達価格・調達期間の決定に当たっては，国会同意人事による委員から構成される調達価格等算定委員会の意見を尊重した上で経済産業大臣が決定(政府案では，総合資源エネルギー調査会の意見を聞いた上で経済産業大臣が決定することとなっていた)するとともに，調達価格・調達期間や，その算定の根拠となる数値などは，決定後すみやかに国会に報告する。
- 施行後3年間は，調達価格の設定に当たって，再生可能エネルギーによる電気の供給を行う者が受ける利潤に特に配慮することとする。

②賦課金関係
- 事業活動に当たって電力を多く使用する事業を行う事業者や，東日本大震災の被災者に対する減免措置(東日本大震災の被災者に対する減免措置は施行初年度のみの時限措置)が創設されるとともに，減免された賦課金に相当する金額について国が予算措置を講じることで，減免措置を受けない電力需要家の賦課金にしわ寄せとならないようにする。

③その他
- 法律の施行日を平成24年7月1日とする。

以上の修正がなされた法案は，衆参ともに全会一致で可決され，8月26日に法案は成立，同30日に公布された。

4.2　再生可能エネルギー特別措置法の目的および制度の概要

「電気事業者による再生可能エネルギー電気の調達に関する特別措置法」(平成24年法律第108号。以下「法」という)の目的は，「エネルギー源としての再生可能エネルギー源を利用することが，内外の経済的社会的環境に応じたエ

ネルギーの安定的かつ適切な供給の確保及びエネルギーの供給に係る環境への負荷の低減を図る上で重要となっていることに鑑み，電気事業者による再生可能エネルギー電気の調達に関し，その価格，期間等について特別の措置を講ずることにより，電気についてエネルギー源としての再生可能エネルギー源の利用を促進し，もって我が国の国際競争力の強化及び我が国産業の振興，地域の活性化その他国民経済の健全な発展に寄与すること」である。

　法は，電気事業者に対し，国が定める一定の価格・期間(以下それぞれ「調達価格」・「調達期間」という)により，再生可能エネルギー源を用いて得られる電気(以下「再生可能エネルギー電気」という)の調達に関する契約の締結などに関する義務を課すものである。電気事業者が再生可能エネルギー電気の調達を行う際の価格と，それが適用される期間を国が定めることの目的は，再生可能エネルギー電気の供給を行う者の売電収入の見通しを安定させ，それによって発電コストの回収見込みを高めることである。これにより，再生可能エネルギー発電設備への新規投資が促され，再生可能エネルギー電気の供給量が増大すること，また，導入量の拡大による再生可能エネルギー源のコストの低減が期待される。

　法において対象とされた再生可能エネルギー源は，①太陽光，②風力，③水力，④地熱，⑤バイオマス，⑥非化石エネルギーのうち電気のエネルギー源として永続的に利用することができると認められるものとして政令で定めるもの，とされている(2013年12月現在，⑥として政令で定められている再生可能エネルギー源は存在しない)。調達価格・調達期間は経済産業大臣が毎年度，年度の開始前までに調達価格等算定委員会の意見を尊重して定めることとされており，調達価格は再生可能エネルギー発電事業者が調達期間にわたる売電によって再生可能エネルギー発電設備にかかるコストを回収し，一定の利潤が出るような水準で設定される。

　他方，調達価格・調達期間により再生可能エネルギー電気の調達を義務づけられる電気事業者にとっては，自らの経営努力では圧縮しがたい費用負担が生ずることとなる。この点，本法では，再生可能エネルギー電気が供給されることで，エネルギーの自給率の向上に貢献するとともに，温室効果ガスの削減にも寄与し，電気の需要家全体に裨益する便益が発生することから，

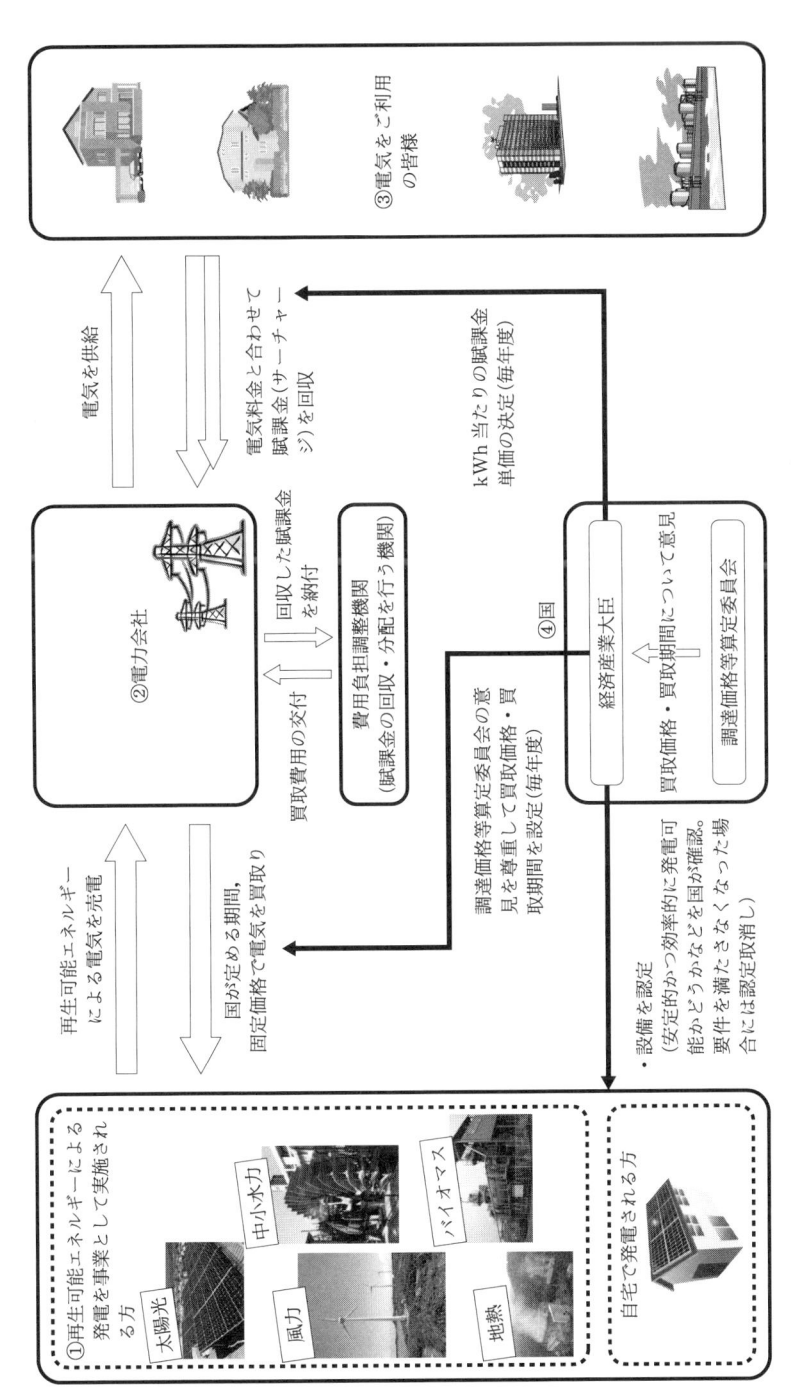

図2 固定価格買取制度の概要（出典：資源エネルギー庁）

電気事業者に生ずる上述の費用負担について，電気の需要家から賦課金という形で電気料金の一部として回収することを認めている(図2)。

4.3 再生可能エネルギー発電設備の発電の認定(法第6条関係)

再生可能エネルギー発電設備を用いて発電をしようとする者は，発電に用いようとする設備が経済産業大臣が定める基準に適合していることについて，認定を受けることができる。認定基準は，再生可能エネルギー発電設備が①調達期間にわたり安定的かつ効率的に再生可能エネルギー電気を発電することが可能であると見込まれるものであること，②発電の方法についてそれぞれ経済産業省令で定められている。

すべての再生可能エネルギー源に共通した認定基準としては，
- 調達期間にわたるメンテナンス体制の確保，
- 適切な位置への電力量計(計量器)の設置，
- 設置する設備の仕様および場所の確定，
- 設置にかかった費用や運転にかかる費用の記録および報告，
- RPS法に基づく認定を受けた設備でないこと

を求めている。また，上記の共通基準に加え，再生可能エネルギーの区分ごとに以下の認定基準を設けている。

[10 kW 未満の太陽光発電設備]
- 用いる太陽電池モジュールの変換効率が一定以上のものであること(太陽光パネルの種類に応じて変換効率を設定)
- JIS 基準または JIS 基準に準じた認証を取得したものであること
- 余剰配線(発電した電気を住宅内の電気消費に充て，残った電気を電気事業者に供給する配線構造)となっていること
- 自家発電設備など(エネファームなど)を併設する場合には，当該自家発電設備などからの電気が電気事業者に供給されない構造となっていること

[10 kW 以上太陽光発電設備]
- 用いる太陽電池モジュールの変換効率が一定以上のものであること(太陽光パネルの種類に応じて変換効率を設定)

[20 kW 未満風力発電設備]

・JIS 基準または JIS 基準に準じた認証を取得したものであること
［水力発電設備］
・発電設備の出力が 3 万 kW 未満であること
・揚水式発電でないこと
［バイオマス発電設備］
・バイオマス比率を毎月 1 回以上定期的に算定し，かつ，当該バイオマス比率ならびにその算定根拠を帳簿に記載しつつ発電すること
・同種のバイオマス燃料を用いて事業を行う他産業への著しい影響がないこと

　経済産業大臣による発電の認定は，経済産業局で行うこととしており，発電事業者は申請書に必要事項を記載するとともに必要な添付書類(土地の確保状況や設備の概要図，配線図など)を提出する。認定の申請から認定までの標準処理期間は，必要書類が整ってから 1 か月である(バイオマスについては用いる燃料種の所掌に応じて，農林水産大臣，国土交通大臣または環境大臣に協議することとされていることから，標準処理期間を 2 か月としている)。なお，申請件数の多い 50 kW 未満の太陽光発電設備の認定の申請は，インターネットによる電子申請が可能となっている。

4.4　調達価格・調達期間(法第 3 条関係)

　調達価格および調達期間は，再生可能エネルギー発電事業者が電気事業者に再生可能エネルギー電気を供給する際の売電単価および売電期間に相当するものである。
　法では，調達価格および調達期間は，経済産業大臣が毎年度，年度の開始前までに，調達価格等算定委員会の意見を尊重して，また，関係大臣への協議や意見聴取を経て告示することとされている。調達価格および調達区分は再生可能エネルギーの区分，設置の形態および規模ごとに，再生可能エネルギー発電設備による電気の供給が効率的に実施される場合に通常要する費用などを基礎とし，賦課金の負担への配慮や，特定供給者が受けるべき適切な利潤などを勘案して定めることとされている。調達期間は，当該設備の供給の開始後最初に重要な部分の更新を行うときまでの標準的な期間を勘案して

定めることとされている。

　調達価格等算定委員会は，本法の国会審議において，民主党・自民党・公明党の3党による修正により設けられたものである。政府原案においては，調達価格および調達期間については，総合資源エネルギー調査会の意見を聴いた上で経済産業大臣が定めることとなっていたが，より中立的・公平な観点で第三者機関が調達価格および調達期間を決定する必要があるとの理由により，調達価格等算定委員会が設けられることとなった。中立性を高めるため，同委員会の委員については国会同意人事とされ，国会が委員の選任に関与する形となっている。委員の任期は3年とされており，2013年12月現在，植田和弘(京都大学大学院経済学研究科教授)，辰巳菊子(公益社団法人日本消費生活アドバイザー・コンサルタント協会理事・環境委員長)，山内弘隆(一橋大学大学院商学研究科教授)，山地憲治(公益財団法人地球環境産業技術研究機構(RITE)理事・研究所長)，和田武(日本環境学会会長)の5名によって組織されている。

　2012年7月1日の法の施行に向け，2012年3月から4月にかけて，2012年度の調達価格および調達期間を議論するため，7回にわたって調達価格等算定委員会が開催された。このなかでは，再生可能エネルギーのコスト分析がなされた政府のコスト等検証委員会の報告書のレビューや，各国の固定価格買取制度の状況の紹介，再生可能エネルギー発電事業者や業界団体，賦課金を負担する側として消費者団体や経済団体からのヒアリングなどが行われた。4月27日の第6回委員会では10 kW以上の太陽光発電の調達価格を40円/kWh(税抜き)，調達期間を20年とするなどの調達価格等算定委員会の意見書がとりまとめられ，同日経済産業大臣に手交された。

　その後経済産業省は，農林水産大臣・国土交通大臣・環境大臣への協議，消費者問題担当大臣への意見聴取，パブリックコメントを経て，6月16日に2012年度の調達価格および調達期間を告示した(表1)。

　2013年1月から3月にかけて，2013年度の調達価格および調達期間を議論するため，4回にわたって調達価格等算定委員会が開催された。このなかでは，前年7月の固定価格買取制度開始以降に法に基づき認定を受けた設備から報告を受けた設備のコストデータや，住宅向け太陽光発電の補助金データから，おもに太陽光についてコストの試算とそれに基づく議論が詳細にな

表1 2012年度新規参入者に適用される調達価格および調達期間(出典:資源エネルギー庁)

電源		太陽光		風力		地熱		中小水力		
調達区分		10 kW以上	10 kW未満(余剰買取)	20 kW以上	20 kW未満	1.5万kW以上	1.5万kW未満	1,000 kW以上30,000 kW未満	200 kW以上1,000 kW未満	200 kW未満
費用	建設費	32.5万円/kW	46.6万円/kW	30万円/kW	125万円/kW	79万円/kW	123万円/kW	85万円/kW	80万円/kW	100万円/kW
	運転維持費(1年当たり)	10千円/kW	4.7千円/kW	6.0千円/kW	―	33千円/kW	48千円/kW	9.5千円/kW	69千円/kW	75千円/kW
IRR		税前6%	税前3.2%	税前8%	税前1.8%	税前13%		税前7%		税前7%
調達価格1 kWh当たり	税込み	42.00円	42.00円	23.10円	57.75円	27.30円	42.00円	25.20円	30.45円	35.70円
	税抜き	40円	42円	22円	55円	26円	40円	24円	29円	34円
調達期間		20年	10年	20年	20年	15年	15年	20年	20年	20年

電源		バイオマス						
バイオマスの種類		ガス化(下水汚泥)	ガス化(家畜糞尿)	固形燃料燃焼(未利用木材)	固形燃料燃焼(一般木材)	固形燃料燃焼(下水汚泥)	固形燃料燃焼(一般廃棄物)	固形燃料燃焼(リサイクル木材)
費用	建設費	392万円/kW		41万円/kW	41万円/kW	31万円/kW		35万円/kW
	運転維持費(1年当たり)	184千円/kW		27千円/kW	27千円/kW	22千円/kW		27千円/kW
IRR		税前1%		税前8%	税前4%	税前4%		税前4%
調達価格1 kWh当たり	調達区分	【メタン発酵ガス化バイオマス】		【未利用木材】	【一般木材(含パーム椰子殻)】	【廃棄物系(木質以外)バイオマス】		【リサイクル木材】
	税込み	40.95円		33.60円	25.20円	17.85円		13.65円
	税抜き	39円		32円	24円	17円		13円
調達期間		20年		20年	20年	20年		20年

された．さまざまなデータからは，住宅用，非住宅用それぞれ2012年度の調達価格を議論した時点より約1割コストが下がっていることが確認された．このため，10 kW未満太陽光については調達価格を42円/kWh(税込み)から38円/kWh(税込み)に，10 kW以上太陽光については40円/kWh(税抜き)から36円/kWh(税抜き)とするという意見書が提出された．また，太陽光以外の再生可能エネルギー源(風力，水力，地熱，バイオマス)については，制度開始以降の導入量が少なく，2012年度の調達価格算定時からコスト構造が変

表2 2013年度調達価格等算定委員会案(出典：平成25年度調達価格及び調達期間に関する意見(平成25年3月11日調達価格等算定委員会))

①太陽光発電(10 kW未満)：

		2012年度調達価格	2013年度調達価格(案)
調達価格		42円/kWh	38円/kWh
資本費	システム単価	46.6万円/kW (平成24年1～3月期の新築設置平均)	42.7万円/kW (平成24年10～12月期の新築設置平均)
	補助金	国：3.5万円/kW 地方：3.8万円/kW	国：2.0万円/kW 地方：3.4万円/kW
運転維持費	修繕費	建設費の1%/年	2012年度の前提を据え置き
	諸費		
IRR(内部収益率)		3.2%	2012年度の前提を据え置き
調達期間		10年	10年

②太陽光発電(10 kW以上)：

		2012年度調達価格	2013年度調達価格(案)
調達価格		40円/kWh(税抜き) 42円/kWh(税込み)	36円/kWh(税抜き) 37.8円/kWh(税込み)
資本費	システム単価	32.5万円/kW	28.0万円/kW
	土地造成費	0.15万円/kW	2012年度の前提を据え置き
	土地賃借料	年間150円/m²	2012年度の前提を据え置き
運転維持費	修繕費	建設費の1.6%/年	2012年度の前提を据え置き
	諸費		
	一般管理費	修繕費・諸費の14%/年	2012年度の前提を据え置き
	人件費	300万円/年	2012年度の前提を据え置き
IRR(内部収益率)		6.0%	2012年度の前提を据え置き
調達期間		20年	20年

③太陽光発電以外(風力，地熱，中小水力，バイオマス)：2012年度調達価格および調達期間をそのまま据え置き

わったというデータが得られなかったため，2012年度の調達価格を据え置くという意見書の内容となった(表2)。

当該意見書を踏まえ，前年同様関係大臣への協議，意見聴取，パブリックコメントを経て，2013年度の調達価格および調達期間が告示された(表3)。

4.5 特定契約(法第4条関係)

再生可能エネルギー発電事業者が固定価格買取制度の下で電気事業者に再生可能エネルギー電気を売電するためには，電気事業者と特定契約を締結する必要がある(図3)。法では，認定発電設備を用いて再生可能エネルギー電気を供給する者(以下「特定供給者」という)から，経済産業大臣が定める調達価格および調達期間の範囲内の期間にわたる再生可能エネルギー電気の供給の申し込み(以下「特定契約」という)があった場合には，省令で定める正当な理由がない限りこれを拒むことができない，と規定している(法第4条)。特定契約の申し込みに応諾する義務は，電気事業法上の一般電気事業者，特定電気事業者，特定規模電気事業者に課せられている。

電気事業者は，特定契約の申し込みの内容が電気事業者の利益を不当に害するおそれがあるときその他の経済産業省令で定める正当な理由がある場合には，申し込みを拒むことができるとされている。この契約を拒むことができる正当な理由は経済産業省令において限定列挙されており，また，特定契約の締結を拒もうとするときは，特定供給者に書面により裏づけとなる合理的な根拠を示さなければならないとして，電気事業者の裁量によって契約拒否ができないようにしている。

〈省令で定められている特定契約の締結を拒むことができる正当な理由〉
・虚偽の内容を含むものである場合
・法令の規定に違反する内容を含むものである場合
・電気事業者がその責めに帰すべき事由によらないで生じた損害を賠償する内容を含むものである場合
・電気事業者が特定契約に基づく義務に違反したことにより生じた損害の額を超えた額の賠償を求める内容を含むものである場合
・電気事業者が行う電力量の検針に協力することに同意しないとき

表3 2013年度新規参入者に適用される調達価格および調達期間（出典：資源エネルギー庁）

電源		太陽光		風力		地熱		中小水力		
調達区分		10 kW 以上	10 kW 未満（余剰買取）	20 kW 以上	20 kW 未満	1.5万kW 以上	1.5万kW 未満	1,000 kW 以上 30,000 kW 未満	200 kW 以上 1,000 kW 未満	200 kW 未満
費用	建設費	28万円/kW	42.7万円/kW	30万円/kW	125万円/kW	79万円/kW	123万円/kW	85万円/kW	80万円/kW	100万円/kW
	運転維持費（1年当たり）	10千円/kW	4.7千円/kW	6.0千円/kW	―	33千円/kW	48千円/kW	9.5千円/kW	69千円/kW	75千円/kW
IRR		税前6%	税前3.2%	税前8%	税前1.8%	税前13%		税前7%		税前7%
調達価格 1kWh 当たり	税込み	37.80 円	38.00 円	23.10 円	57.75 円	27.30 円	42.00 円	25.20 円	30.45 円	35.70 円
	税抜き	36 円	38 円	22 円	55 円	26 円	40 円	24 円	29 円	34 円
調達期間		20年	10年	20年	20年	15年	15年	20年	20年	20年

電源		バイオマス					
バイオマスの種類		ガス化（下水汚泥）	ガス化（畜糞尿）	固形燃料燃焼（未利用木材）	固形燃料燃焼（一般木材）	固形燃料燃焼（一般廃棄物）	固形燃料燃焼（下水汚泥）	固形燃料燃焼（リサイクル木材）
費用	建設費	392万円/kW		41万円/kW	41万円/kW	31万円/kW		35万円/kW
	運転維持費（1年当たり）	184千円/kW		27千円/kW	27千円/kW	22千円/kW		27千円/kW
IRR		税前1%		税前8%	税前4%	税前4%		税前4%
調達価格 1kWh 当たり	調達区分	[メタン発酵ガス化バイオマス]		[未利用材]	[一般木材（含パーム椰子殻）]	[廃棄物系（木質以外）バイオマス]		[リサイクル木材]
	税込み	40.95 円		33.60 円	25.20 円	17.85 円		13.65 円
	税抜き	39 円		32 円	24 円	17 円		13 円
調達期間		20年						

- 発電事業の開始に当たっては，経済産業省が設備認定を，電力会社が接続可能性を，それぞれ並行して審査・検討。通常は，設備認定の方が，アクセス検討より早く終了する。
- 適用される調達価格は，設備認定を経て，電力会社に正式に接続契約を申し込んだ時点で確定。他方，接続の可否は，正式な接続契約の申し込みを受けて，最終的に判断。

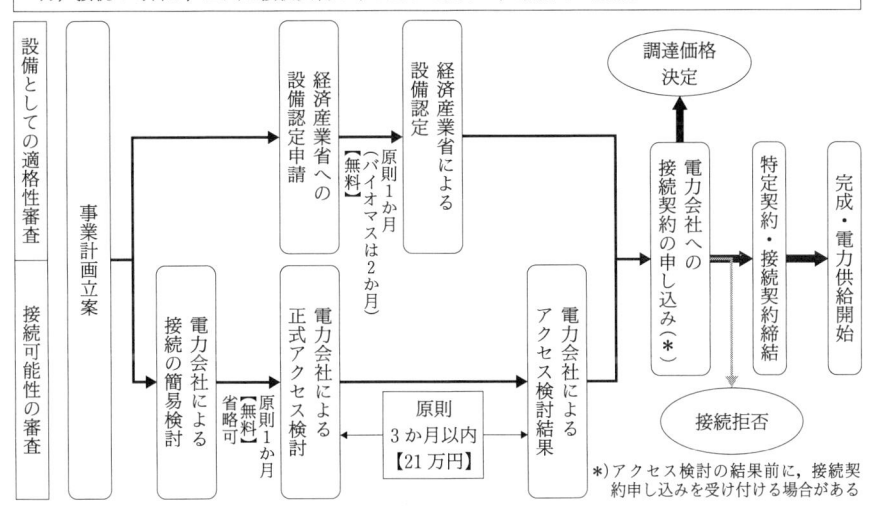

図3　発電事業を行うまでの流れ（出典：資源エネルギー庁）

- 電気事業者の従業員が保安上の観点から認定発電設備に立ち入ることに同意しないとき
- 電気事業者が買取費用を検針日の翌月末までに振り込むことに同意しないとき
- 特定供給者が暴力団などに該当している場合
- 特定契約の申込先と接続契約の申込先が異なる電気事業者である場合に，特定供給者が振替補給費用（電気事業者間で電気を融通する際に必要となる費用）の支払いに同意しないとき
- 特定契約の申し込みを複数の電気事業者に行っている場合に，事前に1日当たりの再生可能エネルギー電気の予定供給量を定めることに同意しないとき
- 特定契約に関する訴えは日本の裁判所の管轄に専属することに合意しない場合

- 特定契約に係る準拠法は日本法とし，契約書の正本は日本語で作成することに合意しない場合
- 特定契約の申込先が特定電気事業者または特定規模電気事業者である場合に，当該契約により当該電気事業者がインバランス料金（電気の需要に対する同時同量を達成できなかった際に必要となる費用）を支払う必要が生ずることが見込まれるとき，または当該電気事業者の需要を超えた供給の申し込みであると見込まれるとき
- 特定契約の申込先と接続契約の申込先が異なる電気事業者である場合に，特定契約の締結電気事業者が地理的要因により再生可能エネルギー電気の供給を受けることが不可能であるとき，託送供給約款に反する内容を含むとき

経済産業大臣は，電気事業者に対し特定契約の円滑な締結のため必要があると認めるときは，その締結に関し必要な指導および助言をすることができ，正当な理由がなくて特定契約の締結に応じない電気事業者があるときは，当該電気事業者に対し，特定契約の締結に応ずべき旨の勧告をすることができる。さらに勧告を受けた電気事業者が正当な理由がなくてその勧告に係る措置をとらなかったときは，当該電気事業者に対し，その勧告に係る措置をとるべきことを命ずることができるとし，特定契約の円滑な締結に係る措置をとる旨，法律に規定している。

4.6 接続契約（法第5条関係）

電気事業者は，特定供給者から電気事業者が保有する電気工作物への電気的な接続の申し込みがあった場合には，接続に必要な費用を負担しないとき，電気事業者による電気の円滑な供給の確保に支障が生ずるおそれがあるときや経済産業省令で定める正当な理由があるときを除き，当該接続を拒んではならない，と規定している（法第5条）。接続契約の申し込みに応ずる義務は，電気事業法上の一般電気事業者および特定電気事業者に課せられている（特定規模電気事業者は一般電気事業者の送電線ネットワークを活用して電気事業を行っており，送電設備を保有していないため，接続の請求に応ずる義務は課せられていない）。

電気事業者は，①特定供給者が当該接続に必要な費用であって経済産業省

令で定めるものを負担しないとき，②電気事業者による電気の円滑な供給の確保に支障が生ずるおそれがあるとき，③経済産業省令で定める正当な理由がある場合には，接続の請求を拒むことができるとされている。接続の請求を拒むことができる正当な理由は経済産業省令において限定列挙されており，また，接続の請求を拒もうとするときは，特定供給者に書面により裏づけとなる合理的な根拠を示さなければならないとして，電気事業者の裁量によって接続の拒否ができないようにしている。

〈省令で定められている接続に必要な費用〉
- 再生可能エネルギー発電設備から電気事業者が保有する電気工作物までの間の送電線の設置にかかる費用
- 認定発電設備と電気事業者の電気工作物を接続するために必要となる電圧調整装置などの設置にかかる費用
- 再生可能エネルギー電気の量を計量するために必要な電力量計の設置，取り替え費用
- 認定発電設備の監視，保護，制御のために必要となる設備および通信するために必要な設備の設置，改造，取り替え費用

〈省令で定められている接続の請求を拒むことができる正当な理由〉
- 虚偽の内容を含むものである場合
- 法令の規定に違反する内容を含むものである場合
- 電気事業者がその責めに帰すべき事由によらないで生じた損害を賠償する内容を含むものである場合
- 電気事業者が特定契約に基づく義務に違反したことにより生じた損害の額を超えた額の賠償を求める内容を含むものである場合
- 500 kW 以上の太陽光発電または風力発電設備を設置する場合で，電気事業者が回避措置を講じてもなお電気の供給量がその需要量を上回ることが見込まれる場合において，電気事業者が年間 30 日以内の範囲内で補償なく出力抑制をすることに特定供給者が合意しない場合(北海道電力を除く[*3])

[*3] 第 4.10 節の「北海道における太陽光発電の受入容量問題」を参照。

- 天災事変や人の接触により認定発電設備を停止する場合，認定発電設備に接近した人の生命および身体を保護するために出力抑制をする場合には損害の補償を求めないことに合意しない場合
- 電気事業者が保有する電気工作物の定期点検，異常時の臨時点検などの場合に必要最小限の範囲内で認定発電設備の出力抑制を行うことに合意しない場合
- 電気事業者の従業員が保安のため必要な場合に認定発電設備または変電所などに立ち入ることができることに合意しない場合
- 接続契約に関する訴えは日本の裁判所の管轄に専属することに合意しない場合
- 接続契約に係る準拠法は日本法とし，契約書の正本は日本語で作成することに合意しない場合
- 電気事業者が接続の請求に応じることにより，電気事業者が保有する電気工作物に送電することができる電気の容量を超えた電気の供給を受けることとなることが合理的に見込まれる場合（合理的な根拠を示す書面の提示，および代替案の提示を合わせて義務づけ）
- 電気事業者が30日間の出力抑制を行ったとしてもなお受け入れることが可能な電気の量を超えた電気の供給を受けることとなることが合理的に見込まれる場合（合理的な根拠を示す書面の提示を義務づけ）

　経済産業大臣は，電気事業者に対し接続が円滑に行われるため必要があると認めるときは，その接続に関し必要な指導および助言をすることができ，正当な理由がなくて接続に応じない電気事業者があるときは，当該電気事業者に対し，接続の請求に応ずべき旨の勧告をすることができる。さらに勧告を受けた電気事業者が正当な理由がなくてその勧告に係る措置をとらなかったときは，当該電気事業者に対し，その勧告に係る措置をとるべきことを命ずることができるとし，特定供給者と電気事業者との間の接続契約が円滑になされるよう所要の措置を講ずることができる。

　また，電気事業者は経済産業省令の規定に基づく出力抑制の指示を行おうとする場合には，あらかじめその方法を公表しなければならず，出力抑制を実際に行った場合には，出力抑制が行われた翌月に，出力抑制を行った日に

ち，時間，時間帯ごとに抑制を行った出力の合計を公表しなければならないこととされている。

4.7 電気事業者間の費用負担の調整(法第三章および第四章関係)

　電気事業者により，特定契約に基づいて調達される再生可能エネルギー電気の量が各電気事業者の供給規模に比して不均衡なものとなることにともなって，電気事業者が特定契約に基づき支払う費用負担についても電気事業者間で不均衡が生ずる。これを放置すると，各電気事業者の電気の需要家ごとの負担額に不均衡が生まれることとなり，電気という国民生活に不可欠な財の価格が地域ごとに大きく変わってしまう事態を生むことも考えられる。こうした事態を是正するため，法では電気事業者間の費用負担平準化に係る措置を講じている。

　経済産業大臣は全国で一に限り，費用負担調整機関(以下「調整機関」という)を指定することとし，調整機関が電気事業者との間で交付金，納付金をやり取りすることで費用負担の調整を行うこととされている。これにより，固定価格買取制度における賦課金の単価は全国一律となっている。

　交付金とは，各電気事業者が特定供給者に支払った買取費用(調達価格に買取電力量を乗じた金額)から，回避可能費用(電気事業者が特定供給者から再生可能エネルギー電気を調達することにより，電気事業者自らが発電しなくてもすんで節約できた燃料費相当費用)などを控除したものである。

　納付金は，電気事業者が電気の使用者から徴収した賦課金の合計である。経済産業大臣は，毎年度，年度の開始前までに，納付金単価(賦課金の単価)を定めることとされている。納付金単価は，当該単価が適用される年度において電気事業者に交付することが見込まれる交付金額(当該年度における買取総額見込み－当該年度における回避可能費用見込み)に調整機関の事務費用の見込額を加え，当該年度における全電気事業者の販売電力量で除して得た額を基礎とし，前年度における交付金と納付金の額の過不足や，その他の事情を勘案して定めることとされている。

　2012年度においては，0.22円/kWhが，2013年度においては0.35円/kWhが納付金単価として定められた。2013年度における納付金単価の算定

根拠は以下のとおりである。

　　2013年度納付金単価
　　＝（買取総額見込額－回避可能費用等の見込額＋費用負担調整機関の事務費用の見込額）÷販売電力見込量
　　＝（4,800億－1,670億円＋2.5億円）÷8,890億kWh
　　＝0.35円/kWh

　なお，買取総額見込額(4,800億円)の再生可能エネルギー電源別の内訳は，太陽光3,016億円(71億kWh(1,177万kW))，風力940億円(44億kWh(267万kW))，水力220億円(9億kWh(21万kW))，地熱4億円(0.1億kWh(0.2万kW))，バイオマス620億円(37億kWh)としている。

　電気の使用者が支払う賦課金は，経済産業大臣が定めた納付金単価に電気使用量(kWh)を乗じた額である。例えば，月300kWhの電気を使用する家庭の場合，請求される賦課金額は105円(0.35×300)となる。当然，電気の使用量が多くなれば請求される賦課金の額も大きくなる。一方で，賦課金の負担が事業者の事業活動の継続に与える影響に特に配慮する必要がある事業所として毎年度経済産業大臣の認定を受けた事業所については，認定を受けた年度において請求される賦課金の額が8割減免されることとなっている(法第17条)。政府は，賦課金の減免によって生じた納付金の減少分について，必要な予算上の措置を講ずることとしている(法第18条)。

　調整機関として一般社団法人低炭素投資促進機構が経済産業大臣の指定を受けており，毎月の電気の検針に合わせて電気事業者から納付金の納付を受け，それを原資として買取実績に応じた交付金の支払いを行っている(図4)。

4.8　既存設備の取り扱い

　法の施行前から運転を行っている再生可能エネルギー発電設備は，その多くがRPS制度または太陽光発電の余剰電力買取制度の対象となっている。太陽光発電の余剰電力買取制度の対象となっている設備(2009年以降固定価格での買取りが行われている設備)については，法の施行時点において，経済産業大臣の確認を受けて法に基づく認定設備として，従前と同条件での調達が続くよう，経過措置が設けられた(法附則第6条)。

第 9 章　再生可能エネルギーの固定価格買取制度　215

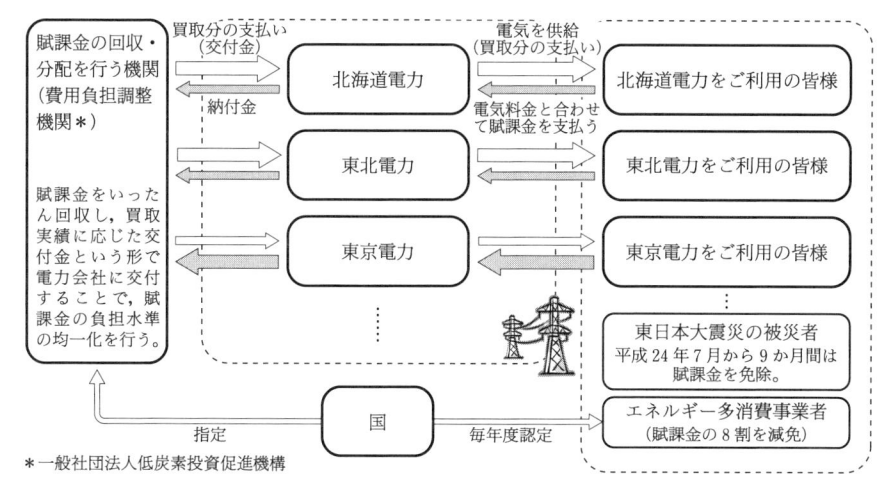

図4　電気事業者間の費用負担の調整(出典：資源エネルギー庁)

　法においては，RPS 法は廃止するとしつつ(法附則第 11 条)，電気事業者に新エネルギー等電気の利用義務を課す条文などの一部の RPS 法の規定は，当分の間，なおその効力を有するとの規定を置き，RPS 法の認定を受けた既存設備については引き続き RPS 制度の下での調達がなされることを想定している(法附則第 12 条)。しかし，前述したように RPS 制度においては再生可能エネルギー発電事業者と電気事業者間の売電単価は当事者間の交渉にゆだねられており，必ずしも再生可能エネルギー発電設備を安定的に運営できるほどの売電単価での売電ができない場合が多かったことから，既存設備についても固定価格買取制度の適用を認めるべきとの意見を踏まえ，一定のルール[*4]を設定の上，固定価格買取制度の対象とすることとした。これにより，RPS 認定設備の約 7 割に当たる設備が法に基づく認定を受け，固定

[*4] 既存設備の固定価格買取制度への移行に関するルール
- 調達価格について，固定価格買取制度の開始によって廃止された補助金(地域新エネルギー等導入促進対策費補助金，新エネルギー等事業者支援対策費補助金，新エネルギー事業者支援対策費補助金及び中小水力・地熱発電開発費等補助金)を受給した設備である場合には，各設備が受給した補助金相当額を控除した調達価格を個別に設定する。

価格買取制度の対象設備となっている。

4.9 固定価格買取制度の効果

2012年7月の固定価格買取制度の開始以降，太陽光発電を中心に再生可能エネルギーの導入量が急速に増大している。2013年3月までに設備認定を受けた設備の合計出力は約2,100万kWに達し，このうち約2,000万kW(住宅用が134.2万kW，非住宅用が1,868.1万kW)を環境アセスメントが不要であり，設置が容易な太陽光発電が占めている。また，2012年7月から2013年3月末までにおいて約177万kWが新たに運転を開始しており，同制度開始前(2012年4〜6月)の運転開始実績(31万kW)を加えると，2012年度は約208万kWの再生可能エネルギー発電設備が新たに運転を開始したこととなる。また，2013年4月から7月までの4か月間で，約224万kWの太陽光発電の新たな運転開始が確認されており，導入ペースはさらに加速している。

具体的な導入事例を見ると，家電業界，IT業界，流通業界，建築業界，農家など，これまで発電分野とは関わりの薄かった異業種も含め，多くの事業者が新規参入してきていることが特徴的である。コンビニや紳士服チェーンなどによる全国店舗の屋根を活用した太陽光発電事業の展開や，JAが商社と連携し全国各地の畜舎などの屋根を活用した太陽光発電事業に取り組むなど，これまでにはなかった新たなビジネス展開がさまざまな形で出てきている。

また，地域的な広がりも大きく，長年遊休地となっていた工場団地の利用，廃棄物の最終処分場の上面の利用，工場の屋根・空き地の利用，ゴルフ場の活用，農地の利用など，さまざまな場所を活用し，太陽光発電を行う事例が

［前ページからつづく］・調達期間について，新規の設備に適用される調達期間から，法の施行の日においてすでに運転を行っている期間を差し引いた調達期間を個別に設定する(例えば2012年7月時点で運転開始からすでに5年間経過した風力発電設備については，15年間固定価格買取制度のもとで売電できる)。
・電気事業者との間で締結しているRPS法に基づく電力受給契約を解消し，2013年3月末までに再生可能エネルギー特別措置法に基づく特定契約を締結すること。

見られる。

　加えて，こうした投資を支える金融面でも新しい動きが見られている。固定価格買取制度の導入にともない，大手銀行から地方の信金に至るまで全国の金融機関が再生可能エネルギー関係の融資に積極的になり，20年間にわたるプロジェクトファイナンスの組成や，地域金融機関や市民ファンドを巻き込んだ地域密着型の投資案件の組成なども行われている。

　制度施行後の2012年9月26日に，資源エネルギー庁では，再生可能エネルギーを利用した発電事業を行う事業者が，電気事業者と特定契約・接続契約を締結する際のモデル契約書を作成し，公表した。これは，法やそのほか関連法令との整合性を取りつつ，金融機関からの資金調達に当たっての実務上の要請なども踏まえ作成したものである。モデル契約書により，金融機関の融資などを受けつつ事業展開する再生可能エネルギー発電事業者と電気事業者との間での契約締結プロセスを大幅に円滑化する効果が得られると考えている。

4.10　北海道における太陽光発電の受入容量問題

　太陽光発電を中心とした再生可能エネルギーの拡大により，一部の地域では電気事業者の受入可能容量を超えた太陽光発電の申し込みがなされている。特に北海道電力管内では広い土地の確保のしやすさと土地代の安さを背景に，2012年末ごろからそうした状況が見られたことから，経済産業大臣の指示のもと，経済産業省は北海道電力とともに太陽光発電の受入可能容量の拡大に向けた検討を行い，その結果を2013年4月17日に公表した。

①接続可能量拡大のための特定地域(北海道)に限った接続条件の改正

　　北海道電力管内においては，500 kW以上の太陽光発電の申し込みが70万kWに達した時点でそれ以降の申し込みについては，30日を超えた出力抑制を行った場合にも補償を不要とする(これにより，北海道電力は出力抑制を理由とする接続拒否ができなくなる)。

②大型蓄電池の変電所への世界初導入による再エネ受入枠の拡大

　　電気事業者側の変電所に，太陽光や風力の天候などによる分単位の出力変動を吸収するための世界最大規模の大型蓄電池を設置し，分単位の

需給調整力の拡充を行うことで，接続可能容量の拡大をはかる。なお，これが完了するまでの間，2,000 kW を超える大型太陽光発電については，太陽光発電所側で蓄電池を設置するなどの対応を行う場合を除き，接続拒否に当たる蓋然性がきわめて高く，この点，北海道電力から事業者に個別に説明を行う。

③電力システム改革に則った広域系統運用の拡大

電力システム改革方針に則り，再生可能エネルギーの導入拡大に向けた全国大での需給調整機能の強化や地域間連系線などの送電インフラの増強を進める。

5. さらなる再生可能エネルギーの導入拡大に向けた施策

5.1 系統網整備および蓄電池の活用

太陽光や風力は天候に応じ分単位でその出力が変化するため，再生可能エネルギーの導入拡大は系統運用を不安定化させる要因となる。電力系統への再生可能エネルギーの受入容量を拡大するためには，こうした再生可能エネルギーによる不安定な出力変動を吸収することが必要不可欠である。日本は大型蓄電池について優位な技術を有する国であり，欧米で通常利用している火力発電や揚水発電などによるバックアップ電源に替わり，大型蓄電池の活用による再生可能エネルギーの不安定性の解消が可能である。

こうした技術を実用化するため，国では2012年度予備費にて296億円を予算措置し，電気事業者の変電所に，世界最大級の大型蓄電池を設置し，再生可能エネルギーの受入量を拡大する実証試験を開始することとしている。特に，北海道においては固定価格買取制度の開始後，太陽光発電の導入が急速に拡大したが，電力系統の規模の小ささから再生可能エネルギーの受入可能量の限界に近づきつつある状況にある。こうした状況を踏まえ，北海道内の変電所に6万kWh程度の大型蓄電池を設置し，わが国企業の持つ技術・ノウハウを結集し，北海道地域における再生可能エネルギーのさらなる導入拡大に向け最大限取り組んでいくこととしている。

また，電力系統用の大型蓄電池の普及拡大の壁となるのは，コストである。

日本では，これまでバックアップ電源として揚水発電を用いることが多かったが，揚水発電の設置コストは 2.3 万円/kWh であるのに対し，大型蓄電池の設置コストは 4 万円/kWh といまだ高い状況にある。そこで，2013 年度予算においては，蓄電池の価格を 2020 年までに 2.3 万円/kWh にするための研究開発補助金 27 億円を計上している。この事業では 2020 年に 2.3 万円/kWh を達成することに企業が「コミット」した場合，その開発費の 4 分の 3 を国が補助し，成果が上がらなければ全額，目標を達成できなければ補助金の一部を返還することにより，蓄電池コストの大胆な低下を目指している。

さらに，再生可能エネルギーの大幅な導入拡大のためには，火力並みの発電コストとなることが期待される風力の利用が必要不可欠である。日本では風況が良く，大規模な風車の立地が可能な場所は北海道の北部や東北地方の一部に限られている。しかし，こうした適地は人口が少なく既存送電網が脆弱であるため，送電網の整備なくして大規模な風力発電の導入拡大は困難な状況である。そこで，2013 年度予算では，送電網整備を行う民間事業者を支援するとともに，技術課題の実証を行うため，250 億円の予算を計上している。こうした事業により，北海道や東北北部における風力発電の導入拡大に繋げるとともに，実証により得られた知見をほかの地域における送電網の運用に応用することで，再生可能エネルギーのより一層の導入に道筋をつけていくことが可能となる。

5.2 規制緩和

再生可能エネルギーを用いた発電事業を行うに当たっては，立地規制や保安規制などさまざまな規制・制度が事業遂行上のリスク，負担となり得ることから，合理的な規制・制度の構築は，固定価格買取制度の着実な運用や送電線の整備と併せて，再生可能エネルギーの導入拡大のための重要な政策課題である。

これまで，政府における累次の閣議決定などにおいて，太陽光発電施設に対する工場立地法の適用除外 (これまで工場立地法で生産施設と位置づけられていた太陽光発電施設が法の適用対象から除外されることで，面積規制が撤廃され敷地内での設置面積の拡大が可能となった) など，再生可能エネルギー関係のさまざまな規

制・制度改革が政府の方針として位置づけられ，その方針に沿っていろいろな規制・制度の見直しが行われてきた。

　直近では，2012年3月から，規制改革会議エネルギー・環境WGにおいて，環境アセスメントの迅速化や電気主任技術者の選任要件の緩和といった内容について検討が進められ，その結果を踏まえ，2013年6月14日に「規制改革実施計画」が閣議決定されており，今後，この計画に基づき各規制担当省庁において規制改革が行われる方向である。

　「規制改革実施計画」においては，例えば，長ければ4年程度かかる，風力発電や地熱発電所の設置に係る環境アセスメントの期間について，国・地方自治体における審査の短縮化や環境影響調査と配慮書手続や方法書手続の並行実施・前倒し実施などを実施することにより，大幅に短縮することを目指すこととされているほか，複数の風力発電所および変電所を直接統括する事業場に電気主任技術者を選任することで，個別の風力発電所および変電所における電気主任技術者の選任に替えることができる要件について明確化する旨などが記載されている。

6. おわりに

　再生可能エネルギーの普及は，国内エネルギー資源の拡大というエネルギー安全保障の強化，低炭素社会の創出に加え，新しいエネルギー関連の産業創出・雇用拡大の観点からも重要であり，現在の政府の方針としては，今後3年間で，最大限，その普及を加速させていくこととしている。

　そのためには，固定価格買取制度の着実かつ安定的な運用と併せ，出力が不安定な再生可能エネルギーの大量導入にともなう系統安定化対策や最適な地域が限られる風力を最大限活用するための送電網整備などが必要であり，政府としては今後もこうした課題に対応した政策を継続的に実施していく。

[引用・参考文献]
資源エネルギー庁「なっとく！再生可能エネルギー」．http://www.enecho.meti.go.jp/saiene/kaitori/index.html

おわりに

　2013年9月に公表された気候変動に関する政府間パネルの第1ワーキンググループによる第5次報告書では，人間活動が20世紀半ば以降に観測された温暖化のおもな要因であった可能性がきわめて高いとし，今世紀末までの温度上昇を産業革命前の2℃以内に抑えるという国際的な目標の達成には相当の努力が必要であることを示した。温暖化問題に限らず，生物多様性の喪失やあるいは貧困や環境汚染問題など，世界は持続可能な社会の達成のためのさまざまな課題に直面している。このため，2012年の国連持続可能な開発会議を受けて，持続可能な開発目標を定めて対策を進めるための取り組みが行われている。一方で，わが国では少子高齢化が進み，特に北海道では，2025年には人口が500万人を割り込むことが予想されている。加えて，2011年の東日本大震災にともなう福島原発事故により，現在全国の原発が停止しており，固定買取価格制度(FIT)の導入等再生可能エネルギーの積極的な導入が図られているものの，北海道では冬期の6%の節電と本州からの電力移送が行われている。

　北海道大学持続可能な低炭素社会づくりプロジェクトでは，このような地球環境の危機を克服し，人類社会を新たな発展の軌道に乗せることができる環境科学の理解力と公共政策の創造力を有する人材の育成を目指して，持続可能な低炭素社会に関連する幅広い学問分野を学ぶ「持続可能な低炭素社会」講座を開設している。

　本書は，その2012年度の講義をもとにその後の動きも取り入れて作成されたものであり，温暖化問題とその解決のための再生可能エネルギーの利用促進を中心とした対策について，特に北海道に注目して取りまとめたものである。

　人類の活動は地球環境に深刻な影響を与えており，持続可能な社会を達成するためには，直ちに行動を起こすことが必要である。しかし，海洋肥沃化

などの地球工学(ジオエンジニアリング)では，科学的にもその影響不明な点が多く，国際法の面でもグローバルで，透明で効果的な管理・規制のメカニズムが模索されている状況にある。このため，2050年までに温室効果ガスの排出量を世界全体で半減，先進国は80%削減との長期的な目標に向けて，各国が野心的な削減目標を定め，また，温暖化への適応を図ることが重要である。しかし，現在の大量生産，大量消費の生活様式を改めることは容易ではなく，また，国際的には先進国と途上国の対立や，国内的には，原発依存度の低下，エネルギーのコストの節減，温室効果ガスの排出量の大幅削減というトリレンマの下で，踏み込んだ目標の設定は難しい状況にある。しかしながら，当面の厳しい目標が存在しないことによって，将来の削減対策の開発・研究の手を緩めないことが肝要になっている。

太陽光や風力などの再生可能エネルギーについては，温暖化対策や地域の活性化に向けて大きな可能性があり，特に北海道ではそのポテンシャルが大きいが，その大規模な導入には技術的，制度的な対応が必要である。地熱エネルギーや家畜ふん尿バイオマスについても，大きな可能性がある一方で，コストや自然環境の保護・地元との調整などそれぞれに課題があることに注意が必要である。政策手段としては，ドイツなどで導入され大きな成果を上げているFITがわが国でも2012年7月から施行され，再生可能エネルギーの導入の大幅な促進に寄与すると期待されているが，環境アセスメントの実施や送電線の受け入れ容量の課題があり，さらに将来的には電力の安定供給や電力料金の高騰が問題となる可能性がある。

しかしながら，私たち一人ひとりが電気の消費の仕方を変えれば電力システム全体も変わるという認識のもとでスマートグリッドや洋上風力など技術的なイノベーションや北海道としての地域の特性を踏まえた導入を行っていけば，再生可能エネルギーは，特に北海道では持続可能な発展のための有力な手段となることができる。従来のコスト重視・経済重視のエネルギーの選択から地域の持続可能性に焦点を移すこと，つまり電力危機をきっかけに省エネと再生可能エネルギーで地域再生に活かす道を下からつくり上げていくことが重要である。

本書の内容を大胆にまとめると以上のようなメッセージが見えてくるのではないかと思われるが，読者の方々のお考えはいかがであろうか。

　先日の気候変動枠組条約第19回締約国会議において石原環境大臣が，気候変動枠組条約京都議定書の温室効果ガス1990年比6％削減目標は達成できる見込みであるものの，2020年については従来の1990年比25％削減から実質的に増加となる2005年比3.8％削減に暫定目標として変更するとし，国際社会から失望の声も聞かれた。今後，詳細な検討が行われることになるが，わが国として達成可能でかつ野心的な目標を設定し，その達成に向けて産官学，そして地域の住民が協働していけるようなもの，地域の持続可能性をもたらすことができるものとなるように期待したい。

　ところで，持続可能な低炭素社会づくりプロジェクトは，2013年度をもって第2期計画が終了となる。今後の取り組みについては検討中であるが，今までの本プロジェクトの7年間の成果をもとに，サステイナビリティ学研究センター(CENSUS)やサステイナビリティ・ウィークなど北海道大学がこれまで行ってきた取り組みを統合していっそう推進し，G8大学サミットの札幌サステイナブル宣言で謳われた「持続可能な社会の達成のためのエンジン」となる役割を果たすことを期待する。

　また，本書がそのような取り組みを含め持続可能な社会の実現のための読者の方々の参考となるように願うものであり，内容などについてご意見，ご批評をいただければ幸いである。

　本書を出版するに当たって，お忙しいなかで講義を行ってくださった講師の方々，また，各章を執筆していただいた著者の方々に深く感謝する。また，本書の刊行に当たり，目黒由美子秘書と東愛子博士(公共政策大学院)，矢部暢子博士(元大学院地球環境科学研究院)には，大変お世話になった。心より感謝申し上げる。

　　2013年12月24日
　　　　北海道大学大学院地球環境科学研究院特任教授・荒井　眞一

索　引

【ア行】

悪臭　163
悪臭低減　163
悪臭問題　163
アジェンダ21　8
新しい(法的)枠組　42
安全保障上　115
域内でお金が循環　119
域内で循環　118
維持コスト　167
一般廃棄物　169
宇宙船地球号　4
ウラン　106
エコロジカル・オーバーシュート　5
エコロジカル・フットプリント　5
餌場　155
エネルギー・環境・経済　120
エネルギー・環境会議　45,46,49,52
エネルギーインフラ　118
エネルギーインフラ形成　119
エネルギー価格の上昇　115
エネルギー革命　25
エネルギー基本計画　45
エネルギー収支比　127
エネルギー生成　161
エネルギーセキュリティー　131
エネルギー利用の高効率化　149
エネルギールネッサンス　102,120
エネルコン社　91
エンジン発電機　158
円高　105
円高側　115
エンパワーメント　13
オイルショック　104,130
お金のキャッチボール　115

オゾン層保護のためのモントリオール議定書　8
オーバーシュート　26
温室効果ガス　4
温室効果ガスの濃度安定化　37
温室効果現象　108
温泉　136
温泉帯水層　134
温泉発電　124
温泉問題　132
温暖化　107

【カ行】

買取価格　165
回復力　21
海洋投棄　61
海洋肥沃化　60
化学脱硫　157
化学肥料　163
格差社会　119
格差社会の形成　105
格差の増大　113
革新的エネルギー・環境戦略　49,54,56
核燃料サイクル　50
可採年数　105
火山性地熱資源　149
カーシェアリング　109
過剰利用　5
カスケード利用　126
ガスホルダー　158
家畜ふん尿　153
カーボン・フットプリント　5
カーボンニュートラル　153
上川町　98

火力発電　111
為替レート　115
環境アウトルック2050　4
環境影響評価　68
環境ガバナンス　12
環境基本計画　51
環境基本法　51
環境上適正な技術　24
環境と開発に関するリオ宣言　8
環境未来都市　21,31
カンクン合意　41,42
間欠泉　136
還元　135
還元井　122
還元ゾーン　140
環太平洋パートナーシップ協定　28
管理された衰退　26
気液2相流体　140
ギガトンギャップ　41
気候変動に関する政府間パネル　35,107
気候変動枠組条約　39,44,59
技術の価値　119
規制・制度改革　133
逆潮流　117
逆リスト方式　62
キャッチボール　114
キャップロック　122
休耕田　160
牛床　155
強靱な人々、強靱な地球　13
共通だが差異のある責任の原則　8
京都議定書　39,41,42,43,59,153
京都議定書目標達成計画　43
極限点　25
空洞化　105
グリーン・イノベーション　12
グリーンエコノミー　12
グリーン気候基金　19
グリーン成長知識プラットフォーム　23

グリーン成長の実現と再生可能エネルギーの飛躍的導入に向けたイニシアティブ　16
グリーン復興　14
グローバル競争　104
景観問題　147
経済開発協力機構　4
経済社会理事会　17
経済的効果　163
系統電力との連系　117
嫌気性発酵　156
建設コスト　167
元素革命　25
現代経済の限界論　103
原子力発電　110
原子力発電所事故　110
原発ゼロシナリオ　47,50
高圧　170
高圧ガス保安法　170
高温岩体　123
高温岩体発電　149
高断熱住宅　109
高等教育機関の持続可能性イニシアティブ　21
固液分離機　163
小型分散型発電所　164
国際的な分業　115
国内循環型産業　115
国立公園特別地域　132
国立公園問題　132
国連アジア太平洋経済社会委員会　16
国連開発計画　6
国連海洋法条約　61
国連環境計画　4
国連環境と開発に関する世界委員会　7
国連教育科学文化機関　70
国連砂漠化対処条約　8
国連持続可能な開発会議　12
国連持続可能な開発知識プラットフォーム　20

索　引　227

国連人間環境会議　7
国連ミレニアム・サミット　9
国連ミレニアム宣言　9
互恵的利他性　26
コジェネレーション　116,117
コジェネレーション技術　109
コージェネレーションシステム　158
コストアップ　109
コスト低減競争　105,113,114,115
コストと雇用の関係　113
コストは雇用　120
固定価格買取制度　76,78,116,133,158,159,191,192,194,197,198,207,213,215,216,217,218,219,220
コペンハーゲン合意　40,44
雇用の確保　109
コンセンサス　119
コンバインド発電技術　108

【サ行】

最高気温　107
最終エネルギー消費量　103
再生可能エネ特措法　79
再生可能エネルギー　47,48,55,56,110,113,158,191,192,194,195,198,200,202,207,213,217,218,219,220
再生可能エネルギーインフラづくり　115
最低気温　107
サイレージ　169
搾乳　155
下げ代不足　81
鎖国主義　116
サステイナブル・デベロップメント・ゴール　4
雑草種子　163
札幌市まちづくり戦略ビジョン　31
サービス　114
産業廃棄物　169
サンシャイン計画　131
シェールオイル　106

シェールガス　106
敷料　155
敷料化　163
資源消費型のエネルギー　119
資源賦存量　75
市場競争　104
持続可能社会　113
持続可能な開発委員会　17,20
持続可能な開発に関する世界首脳会議　11
持続可能な開発のための教育の10年　11
持続可能な開発ファイナンシング戦略　19
持続可能な開発目標　4
持続可能な開発理事会　14
持続可能な地熱発電技術　134
失業者の増加　113
士幌町　96
市民のコンセンサス　120
下川町　97
自由市場原理　114
自由貿易の促進　104
重力計　138
重力測定　138
需要超過　26
省エネルギー　149
消化液　158
消化液貯留槽　167
償還期間　165
食品廃棄物　169
シングルフラッシュ方式　140
森林原則声明　8
人類の選択　27
水蒸気爆発　136
水力　75,192,195,196,200,203
数値シミュレーション　147
寿都町　90
ステークホルダー　15
全ての人の尊厳ある生　24
すべての人のための持続可能エネルギー

イニシアティブ　18
スマートグリッド　168
スラリー状　156
スラリーストア　167
生活の質　77
生産拠点の海外移転　115
生産ゾーン　140
生産力と市場規模　104
成長の限界　26
正当な科学調査　67
生物脱硫　157
生物多様性　4
生物多様性革命　25
生物多様性条約　69
世界貿易機関　9
世界防災会議 in 東北　22
石炭をガス化　108
石油代替エネルギー　130
石油代替燃料　161
せたな町　91
接続契約　210, 217
セパレータ　140
選択の価値のある未来　13
総合効率　170
総合資源エネルギー調査会　52
送電網　80
ソーラーシェアリング　160

【タ行】
第3回気候変動枠組条約締約国会議　39
第4次環境基本計画　12
第一約束期間　39, 41, 43
大規模蓄電設備　111
ダイナミック・スプレッドシート　26
第二約束期間　42
堆肥化　161
堆肥化処理　161
タイプ2プロジェクト　11
太陽からの放射エネルギー　107
太陽光　75, 192, 195, 196, 197, 200, 202, 204, 216, 217, 218, 219
太陽光発電　80, 85, 93, 158
太陽電池の価格　110
太陽電池の敷地面積　110
ダーバン　41
ダーバン合意　42
ダブルフラッシュ方式　140
段階的開発　146
断層　121
暖房用　117
地域経済　75, 118
地域雇用　120
地域自給プラス再配分モデル　30
地域住民の理解　116
地域の雇用　116
地域分散型　160
地球温暖化　75, 106
地球温暖化説　107
地球温暖化対策　130, 191
地球温暖化対策基本法案　44
地球温暖化対策推進本部　52
地球温暖化対策に係る中長期ロードマップ　45
地球温暖化対策の推進に関する法律　43
地球温暖化問題　129
地球環境の見通し　4
地球工学　71
地球の環境容量　7
地球の持続可能性に関するハイレベルパネル　13
地球の未来を守るために　7
畜産農家　154
蓄熱槽　119
地産地消　160
地中熱　124
地中熱利用冷暖房システム　125
地熱　75, 98, 192, 195, 200
地熱蒸気タービン　123
地熱貯留層　121
地熱発電　109, 124

索引

中温発酵　157
調達価格　164, 199, 200, 203, 204, 206, 207
調達価格等算定委員会　199, 200, 203, 204
調達期間　165, 199, 200, 203, 204, 207
直接利用　124
つなぎ飼い　155
津別町　96
低圧　170
低周波騒音　110
定常型社会　30
ディーセントワーク　15
ティッピング・ポイント　25
適正規模頭数　154
適度で紳士的な貿易量範囲　116
デュアルフューエル　158
電圧変動　118
電気事業者による再生可能エネルギー電気の調達に関する特別措置法　198, 199
電気自動車　109
電気使用量　169
電気料金　169
電田構想　160
デンマーク　100
電力自由化　79, 132
東京電力福島第一原子力発電所　44
十勝鹿追町　95
特定契約　207, 213, 217
苫前町　87
「トリレンマ」状態　102
トレーサー試験　141

【ナ行】

内需　116
内部利益率　166
生ごみ　169
肉用牛　155
二酸化炭素　106, 107, 157
二酸化炭素の海底貯留　70

二酸化炭素排出がピークを迎える年　38
二酸化炭素排出量　161
日平均気温　107
乳房炎　163
乳用牛　155
認可出力　130
人間開発　9
人間開発指数　6
人間環境宣言　7
人間の安全保障　9
人間の幸福　15
熱需要と電力需要　118
熱水　121
熱電併給/地域暖房　170
ネットワーク内　117
年間発電量　110
燃料電池自動車　109
農地面積　154
能力の強化　13

【ハ行】

バイオガス　94
バイオガスプラント　156
バイオガスプラント建設　85
バイオマス　75, 85, 94, 96, 153, 192, 195, 196, 200, 203
バイオマス・ニッポン総合戦略　153
バイオマスタウン構想　153
廃棄物処理　167
排出権市場　42
排出権取引　42
排せつ物　153
バイナリー発電　124
ハイブリッド自動車　109
ハイレベル政治フォーラム　17, 23
破局的な滝　113
パーク&ライド　109
畑作農家　154
働きがいのある人間らしい仕事　15
バックアップ電源　192, 193, 218, 219

バックキャスティング　111
発酵槽　157
八丁原地熱発電所　139
発電機稼働率　164
発電効率　116,164
発電コスト問題　132
発電出力　164
発電ポテンシャル　164
バードストライク　90,110
パートナーシップ　20
浜頓別　92
浜中農協　93
バーンクリーナ　156
必要敷地面積　110
ヒートアイランド現象　107,125
人減らし競争　115
ヒートポンプ　109,124
評価指標　77
兵庫行動枠組み　19
風力　75,110,192,195,196,200,202,218,219,220
風力発電　82,83,85,158
フォアキャスティング　111
賦課金　169,202,213,214
不確実性　38
付属書Ⅰ国　39
プラグインハイブリッド自動車　109
フラッシャー　140
フリーストール　155
ブルントラント委員会　7
分散協調型コジェネレーションネットワーク　118
分散電源　109,118
ふん尿処理　160
平均最低気温　107
ベーシック・ヒューマン・ニーズ　8
ベスタス社　92
ベース電源　128
ボイラー　158
帽岩　122
放射性廃棄物処理　102

法的拘束力　72
ポスト 2015 開発アジェンダ　24
ポスト京都議定書　72
北海道グリーンファンド　92
北海道低炭素未来ビジョン　31
北海道電力　168
ポテンシャル　75
ボーリング　124

【マ行】
マグマ溜り　121
マグマ発電　149
緑の基金　42
「緑の未来」イニシアティブ　21
南アフリカ　41
南の台頭　7
未来志向　26
ミレニアム開発目標　3
無機態窒素　163
メガソーラー　80,81,93,160
メタン　157
メタンハイドレード　106
メタン発酵　157
モデリング　147
モニタリング　137
モンテレイ・コンセンサス　20

【ヤ行】
優先接続　80
優良事例　133
ユニバーサルメンバーシップ　23
ユネスコ　11
洋上風力発電　110
余剰電力　117
余剰電力買取制度　197,198,214
ヨハネスブルグサミット　11
ヨハネスブルグ宣言　11
予防原則　8
予防的アプローチ　62

索　引　231

【ラ行】
ライフサイクル　127
楽園的な社会　113
酪農評価額　166
リオ＋20 国内準備委員会　13
リサイクル　19
リスク分散　150
リスト方式　62
リデュース　19
リードタイム　132
リバースリスト方式　62
リーマン・ショック　43
硫化水素　157
リユース　19
レジリエンス　21
労働コストの低減　105
労働者減らし競争　105
ローカルアジェンダ21　32
ロンドン海洋投棄条約　61
ロンドン海洋投棄条約改正議定書　61

【ワ行】
ワールド 3 モデル　27
我々の求める未来　12

【記号】
1 MPa　170
21 世紀環境立国戦略　11
3 R　19
3 つの選択肢　46

【C】
CHP　170
Combined Heat and Power　170
COP15　40
COP16　41
COP17　41
COP18　42
COP3　39
CSD　17, 20

【D】
DESD　11

【E】
ECO 宣言行動　31
ECOSOC　17
EPO 北海道　32
ESCAP　16
ESD　11
ESD 世界会議　21
EST　24

【F】
FIT　76, 78, 116, 133, 159

【G】
G 8 洞爺湖サミット首脳宣言　39
G 8 ラクイラサミット首脳宣言　39
GDP　103
GDP 成長率　104
geoengineering　71
GHGs　4
Global Environment Outlook 5　4
GSP　13

【H】
HDI　6
HPF　17, 23
Human Development　9
Human well-being　15

【I】
IGCC 技術　108
IPCC　35, 107
IPCC 第 4 次評価報告書　36
IPCC 第 5 次評価報告書　36
IRR　166

【M】
MDGs　3
MRV（測定／報告／検証）　40

【O】
ODAの対GNP比0.7％目標　20
OECD　4
OECDグリーン成長に関する閣僚宣言
　15
Our Common Future　7

【R】
RPS　194,195,196,214,215
RPS制度　79
RPS法　165

【S】
SDGs　4

【T】
TPP　28

【U】
UNDP　6
UNEP　4
UNESCO　11,70

【W】
WSSD　11
WTO　9

執筆者一覧(五十音順)

荒井眞一(あらい しんいち)
　北海道大学大学院地球環境科学研究院特任教授
　第1章・おわりに執筆

江原幸雄(えはら さちお)
　地熱情報研究所代表・九州大学名誉教授　理学博士(北海道大学)
　第6章執筆

北　裕幸(きた ひろゆき)
　北海道大学大学院情報科学研究科教授
　博士(工学)
　第8章執筆

佐野郁夫(さの いくお)
　北海道大学大学院公共政策学連携研究部特任教授
　第2章執筆

近久武美(ちかひさ たけみ)
　北海道大学大学院工学研究院教授
　工学博士(北海道大学)
　第5章執筆

堀口健夫(ほりぐち たけお)
　上智大学法学部教授
　第3章執筆

松田從三(まつだ じゅうぞう)
　ホクレン農業総合研究所顧問・北海道大学名誉教授
　農学博士(北海道大学)
　第7章執筆

安田將人(やすだ まさと)
　環境省地球環境局総務課低炭素社会推進室長補佐
　第9章執筆

山口佳三(やまぐち けいぞう)
　北海道大学総長　理学博士(京都大学)
　序文執筆

吉田晴代(よしだ はるよ)
　札幌大学非常勤講師
　博士(理学)
　第4章執筆

吉田文和(よしだ ふみかず)
　北海道大学大学院経済学研究科教授
　経済学博士(京都大学)
　第4章・はじめに執筆

吉田文和(よしだ ふみかず)
　1950年生まれ
　京都大学大学院経済学研究科博士課程修了
　北海道大学大学院経済学研究科教授　経済学博士(京都大学)

荒井眞一(あらい しんいち)
　1953年生まれ
　東京大学大学院理学系研究科修士課程修了
　北海道大学大学院地球環境科学研究院特任教授

佐野郁夫(さの　いくお)
　1958年生まれ
　東京工業大学工学部社会工学科卒業
　北海道大学大学院公共政策学連携研究部特任教授

持続可能な未来のためにII
――北海道から再生可能エネルギーの明日を考える
2014年3月31日　第1刷発行

　　　編 著 者　吉田文和・荒井眞一・佐野郁夫
　　　発 行 者　櫻井義秀
　　　―――――――――――――――――――――――
　　　　　発行所　北海道大学出版会
　　　札幌市北区北9条西8丁目 北海道大学構内(〒060-0809)
　　　Tel. 011(747)2308・Fax. 011(736)8605・http://www.hup.gr.jp/

㈱アイワード　　　　　Ⓒ 2014　吉田文和・荒井眞一・佐野郁夫

ISBN978-4-8329-6800-4

持続可能な未来のために ―原子力政策から環境教育，アイヌ文化まで―	吉田文和 荒井眞一 深見正仁 藤井賢彦 編著	A5・328頁 価格3200円
持続可能な低炭素社会	吉田文和 池田元美 編著	A5・248頁 価格3000円
持続可能な低炭素社会 II ―基礎知識と足元からの地域づくり―	吉田文和 池田元美 深見正仁 藤井賢彦 編著	A5・326頁 価格3500円
持続可能な低炭素社会 III ―国家戦略・個別政策・国際政策―	吉田文和 深見正仁 藤井賢彦 編著	A5・288頁 価格3200円
気候変動問題の国際協力に関する評価手法	中島清隆 著	A5・304頁 価格5000円
地球温暖化の科学	北海道大学大学院 環境科学院 編	A5・262頁 価格3000円
オゾン層破壊の科学	北海道大学大学院 環境科学院 編	A5・420頁 価格3800円
環境修復の科学と技術	北海道大学大学院 環境科学院 編	A5・270頁 価格3000円
北海道・緑の環境史	俵 浩三 著	A5・428頁 価格3500円
森林のはたらきを評価する ―市民による森づくりに向けて―	中村太士 柿澤宏昭 編著	A4・172頁 価格4000円
環境の価値と評価手法 ―CVMによる経済評価―	栗山浩一 著	A5・288頁 価格4700円
生物多様性保全と環境政策 ―先進国の政策と事例に学ぶ―	畠山武道 柿澤宏昭 編著	A5・436頁 価格5000円
自然保護法講義［第2版］	畠山武道 著	A5・352頁 価格2800円
環境科学教授法の研究	高村泰雄 丸山 博 著	A5・688頁 価格9500円
FUKUSHIMA ―A Political Economic Analysis of a Nuclear Disaster―	Miranda A.Schreurs 吉田文和 編著	A5・146頁 価格3000円
Sustainable Low-Carbon Society	吉田文和 池田元美 編著	B5変・216頁 価格6000円
Lectures on Environmental Policy ―A Social Science Perspective―	佐々木隆生 編著	A5・218頁 価格3400円

〈価格は消費税を含まず〉

北海道大学出版会